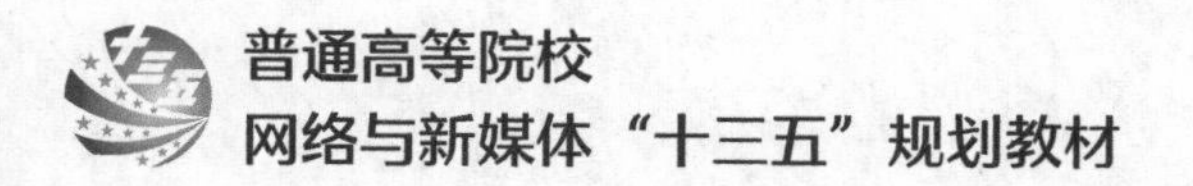

短视频制作

全能一本通

刘庆振 安琪 王凌峰◎编著

Short Video
Production

人民邮电出版社
北京

图书在版编目（CIP）数据

短视频制作全能一本通 ：微课版 / 刘庆振，安琪，王凌峰编著. -- 北京 ：人民邮电出版社，2021.3
普通高等院校网络与新媒体“十三五”规划教材
ISBN 978-7-115-55343-0

Ⅰ. ①短… Ⅱ. ①刘… ②安… ③王… Ⅲ. ①视频制作—高等学校—教材 Ⅳ. ①TN948.4

中国版本图书馆CIP数据核字(2020)第228159号

内 容 提 要

简短、直接、碎片化的短视频对新媒体传播乃至整个社会的发展都产生了巨大影响，成为移动互联网的重要流量入口。本书共 7 章，深入介绍了短视频的理论知识和短视频创作的实践应用，包括短视频概述、短视频产品策划、短视频内容创意、短视频文案写作、短视频拍摄与制作、短视频运营和综合案例等，引导读者在了解短视频行业以及相关理论知识的基础上，熟悉短视频创作的各个环节，掌握对应环节中所涉及的关键知识，最终帮助读者创作出优质的短视频，运营好短视频账号。

本书既可作为高等院校新闻传播学、广告学、网络与新媒体、电子商务、市场营销等专业的教材，也可供从事新媒体相关工作的人员学习使用，还可作为新闻与传播研究人员的参考用书。

◆ 编　　著　刘庆振　安　琪　王凌峰
　责任编辑　孙燕燕
　责任印制　杨林杰
◆ 人民邮电出版社出版发行　　北京市丰台区成寿寺路 11 号
　邮编　100164　　电子邮件　315@ptpress.com.cn
　网址　https://www.ptpress.com.cn
　三河市君旺印务有限公司印刷
◆ 开本：700×1000　1/16
　印张：14.5　　　　2021 年 3 月第 1 版
　字数：223 千字　　2025 年 2 月河北第 9 次印刷

定价：46.00 元

读者服务热线：(010) 81055256　印装质量热线：(010) 81055316
反盗版热线：(010) 81055315

PREFACE 前言

自短视频诞生以来，短视频用户规模增长迅速，中国互联网络信息中心发布的第 45 次《中国互联网络发展状况统计报告》显示，截至 2020 年 3 月，我国网民规模为 9.04 亿，其中短视频用户规模达 7.73 亿，占网民整体的 85.5%。正因为短视频行业发展势头迅猛，越来越多的企业和个人投身到这个行业，使得该行业的竞争逐渐激烈。鉴于此，投身于短视频行业的企业或个人都需要不断学习新技术、新理论，以创新的眼光看待这个行业。

短视频以其简短、直接、碎片化等特点，对新媒体传播产生了巨大影响，并进一步推动了政治、经济、文化等领域的发展。碎片化、直观化的短视频能够帮助政务新媒体更好地将相关的政策和信息传递给公众；智能推荐和算法分发机制，为用户匹配并推荐了大量优质的短视频，在丰富人们生活的同时加强了短视频的“带货”功能，拉动了经济的增长；而在文化方面，短视频这种形式的媒介更是强化了文化的传播效果，降低了用户接收文化内容的门槛。

随着资本的流入以及专业人员的参与，短视频行业越发规范。如今，短视频行业的红利期尚未结束，在这个机遇与挑战并存的时期，不论是投身于短视频行业的企业还是个人，都需要从宏观层面看清短视频的发展方向，在保证没有偏移整体方向的前提下，制定自己的发展目标；此外，他们还需要立足当下，分析用户习惯和用户画像，把握用户需求，找准用户痛点，这样才能在用户注意力争夺赛中脱颖而出。

本书内容全面、结构清晰，主要具有以下特色。

（1）内容新颖，注重实战。本书作为讲解短视频这种新兴媒介的教材，深入贯彻了党的二十大精神，既保证了内容紧跟时代潮流，重视短视频前沿技术发展，相关资料和数据大部分来自时下最新报告或文章，又重点介绍了短视频策划、创作和运营的实际应用，以激发读者的实战兴趣。

（2）案例丰富，边学边练。本书提供了大量的短视频案例分析和实战案例，这些案例分布在各个相关章节之中，能够激发读者的学习兴趣，同时也能够帮助读者边学边练，引导读者主动了解短视频、创作短视频。

（3）体系完整，覆盖面广。本书全面介绍了短视频相关的理论知识，同时花费了大量笔墨为读者介绍短视频创作的实际步骤，让读者仅通过学习这一本书的知识，就可以全面地了解短视频的理论知识与实践技能。

（4）结构科学，温故知新。本书各章包含学习目标（除第 7 章外）、本章结构图、习题和实训几大板块，能够帮助读者在短时间内抓住各章的重点知识，进行有针对性的学习。同时，读者还能够通过各章习题和实训来回顾、巩固相关知识，从而达到温故知新、事半功倍的效果。

本书由刘庆振、安琪、王凌峰编著，牛媛媛和陈疆猛为本书做了大量的重要工作，徐玲提供了李子柒短视频 IP 运营的相关资料。由于编者学术水平有限，书中难免存在表达欠妥之处，编者由衷地希望广大读者朋友和专家学者能够拨冗提出宝贵的意见和建议，修改建议可直接反馈至编者的电子邮箱：13488790554@139.com。

北京体育大学新闻与传播学院　刘庆振
沧州师范学院齐越传媒学院　安　琪
重庆工商大学文学与新闻学院　王凌峰

目录

CONTENTS

第 3 章 短视频内容创意

第 4 章 短视频文案写作

第5章 短视频拍摄与制作

第6章 短视频运营

第7章 综合案例

参考文献

第 1 章

短视频概述

【学习目标】

（1）了解新媒体、短视频的概念、功能、特征和社会价值。

（2）了解新媒体发展的简要历史。

（3）掌握短视频平台的内容生产与分发逻辑，了解不同短视频平台各自的特色。

（4）了解短视频行业发展的现状，掌握短视频行业发展的未来趋势。

短视频是近年来快速崛起的一种新媒体形态，它以简短、直接、碎片化等特点，对媒体传播产生了巨大的影响，并进一步推动了政治、经济、文化等社会生活各个领域的发展。短视频平台是短视频经济快速发展的重要基础，不同的平台有不同的特色，所产生的影响也各不相同。本章包括新媒体时代的短视频、短视频平台、短视频行业的现状与未来趋势以及短视频的基本制作流程四大部分，为读者了解本书后续章节的内容打好基础。

1.1　新媒体时代的短视频

新媒体的发展经历了互联网、移动互联网两个关键的历史阶段，在不同的技术背景下涌现出了不同的新媒体形态。作为一种全新的新媒体形态，短视频在移动互联网时代，尤其是在 4G 通信广泛普及之后快速崛起，成为影响数十亿人工作、生活和学习的一股新力量。

1.1.1　认识新媒体

什么是新媒体？这是所有学习和研究新媒体的人面临的第一个关键问

题。不同的专家对新媒体的概念有着不同的界定。

课堂讨论

在阅读本节之前，请读者先自己思考什么是新媒体。

曾任传立中国总经理的魏丽锦（2006）认为新媒体是一个相对的概念，“……电视出现的时候，电视被人们称为新媒体；网络出现的时候，网络又被叫作新媒体。新是相对旧而言的，因此新媒体是一个相对的概念。”[1]魏丽锦对新媒体的认识，代表了早期新媒体研究和实践领域的专家对新媒体的看法。

中国人民大学匡文波（2008）教授提出要从 4 个角度去理解新媒体：第一，新媒体是一个通俗的说法，严谨的表述是“数字化互动式新媒体”；第二，新媒体是指“今日之新”，是一个相对的概念；第三，新媒体是以国际标准为依据的；第四，新媒体是个宽泛的概念，目前（当时）新媒体主要包括网络媒体、手机媒体，未来还可能出现互动式数字电视等媒体形态，[2] 新媒体的外延如图 1-1 所示。

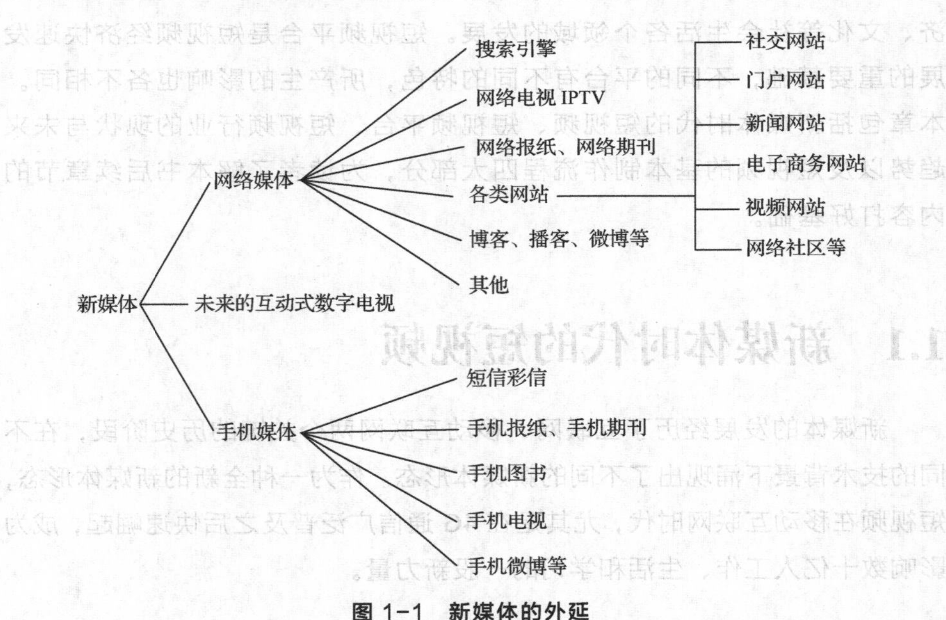

图 1-1　新媒体的外延

随着媒介技术的发展，人们对新媒体有了进一步的认识。清华大学的彭兰（2016）教授主张将新媒体概念表述为：“……主要指基于数字技术、网络技术及其他现代信息技术或通信技术的，具有互动性、融合性的媒介形态和平台。在现阶段，新媒体主要包括网络媒体、手机媒体及两者融合形成的移动互联网，以及其他具有互动性的数字媒体形式。同时，新媒体也常常指主要基于上述媒介从事新闻与其他信息服务的机构。”[3]

课堂讨论

在阅读以上专家学者对新媒体概念的解释后，请读者尝试总结新媒体的概念。

综合不同专家学者提出的概念，本书将新媒体的概念界定为：随着媒体传播技术不断迭代而涌现出来的、明显不同于过去的理念和方法的媒体新技术、新手段、新产品、新形态、新组织、新业态和新生态，其内涵和外延在时间和空间范围内都具有一定的相对性。

1.1.2　新媒体发展脉络：从文字到短视频

中国互联网络信息中心（China Internet Network Information Center，CNNIC）的统计数据显示，截至 2020 年 3 月，我国网民规模已达 9.04 亿，互联网普及率达 64.5%。而在 20 多年前的 1997 年，我国上网用户数仅为 62 万人。短短 20 多年间，我国网民数量飙升了 1457 倍。我国的互联网产业用 20 多年的时间展现了“中国速度”，为我国经济的增长注入了源源不断的活力。网民规模和互联网普及率如图 1-2 所示。

图 1-2　网民规模和互联网普及率

课堂讨论

请读者尝试回忆，自己家是什么时候接入互联网的。

21 世纪的第一个 20 年，无论对于我国的新媒体行业还是对于全球的新媒体领域，都是极其重要的 20 年，它为整个 21 世纪新媒体的发展奠定了坚实的基础。移动互联网、物联网、大数据、人工智能、机器学习、区块链、5G 通信等技术相继被应用到新媒体创新中，进而形成了今天的新媒体业态。

下面通过不同时期的新媒体形态、内容和应用来回顾一下这段历史，表 1-1 所示的是不同时期的新媒体形态、内容和应用。

表 1-1　不同时期的新媒体形态、内容和应用

新媒体形态	内容	应用
门户网站	通向某类综合性互联网信息资源并提供有关信息服务的应用系统	Yahoo!、新浪、网易、搜狐、新华网
搜索引擎	根据用户需求与一定算法，运用特定策略从互联网检索出既定信息反馈给用户的一门检索技术	Yahoo!、百度
即时通信（IM）	能够即时发送和接收互联网消息的业务	MSN、QQ
博客	英文名为 Blog，为 Web Log 的混成词。它的正式名称为网络日记，又音译为部落格。博客有时也指使用特定的软件，在网络上出版、发表和张贴个人文章的人，或者指一种通常由个人管理、不定期张贴新的文章的网站	博客网、新浪博客
社交网站	全称 Social Network Site，即“社交网站”或“社交网”，是基于社会网络关系系统思想建立的网站	MySpace、人人网
视频网站	在完善的技术平台支持下，让互联网用户在线流畅发布、浏览和分享视频作品的网络媒体	优酷、YouTube、bilibili、爱奇艺、腾讯视频

（续表）

新媒体形态	内容	应用
两微一端	随着移动互联网的发展，新媒体的主战场从 PC 端转移到了移动端	微博、微信、移动应用客户端
资讯聚合平台	移动终端的信息浏览与 PC 端有着非常明显的不同，于是，从 PC 端到移动端，信息获取和信息消费的模式逐渐从用户主动搜索转变为平台主动推荐	今日头条、一点资讯
音频分享平台	除了微博的简短信息、微信公众号的图文信息，移动互联网的快速发展也使音频内容获得了更广泛的传播	荔枝 FM、喜马拉雅
短视频平台	视频短片是一种具有“时长短、门槛低、传播广”等特征的新媒体形态	抖音、快手

1.1.3　短视频的概念与特征

通常意义上，大众所提到的短视频，一般指的是在互联网新媒体上传播时长在 5 分钟以内的视频短片。进而可以更加清晰地对短视频做出界定，它应该适合在各种各样的新媒体平台上播放，应该适合用户在移动状态或碎片化时间的休闲状态下观看，应该具有较高的推送频次，应该具有相对较短的时间长度。

但是，想要界定短视频的时间长度，却恰恰是最难的。快手将 57 秒定义为短视频产品的工业标准；抖音则限定了将 15 秒作为“抖音标准”，但 2019 年 4 月，抖音还是向所有用户开放了 1 分钟视频的权限，并在几个月之后，进一步将其平台的短视频时长限制延长到了 15 分钟；微信（6.5.1 版本）则在 2016 年 12 月上线短视频功能的时候，将用户发布到朋友圈的随拍短视频时长限定在 10 秒内。

请读者尝试回忆自己观看的短视频一般为多长时间。

在了解短视频的概念之后，可以进一步对短视频的特征展开分析，

表 1-2 所示为短视频的特征和具体内容。

表 1-2　短视频的特征和具体内容

短视频的特征	具体内容
短	短视频时间较短，一般在 15 秒到 5 分钟之间。这就要求用户在最短的视频时长内，最有效地讲好故事、做好营销
小	话题一般不大，聚焦，小而美，能够有情感、有价值观、有用户共鸣
轻	内容轻快明了，一般不会太沉重
薄	短视频想表达的东西像一层薄薄的透明保鲜膜或者窗户纸，一看就能看透，一戳就能戳破
新	新鲜、新颖、新奇、新意
快	热点转瞬即逝，话题转眼就没，短视频终归是需要在互联网、移动互联网上传播的，而互联网领域非常重要的一个法则就是——唯快不破
碎	短视频的内容一般是简短直接的，用户也会利用碎片化时间观看短视频

1.1.4　短视频的社会价值

短视频作为近年来发展势头强劲的一种新媒体，有着十分重要的社会价值，短视频的社会价值如表 1-3 所示。

表 1-3　短视频的社会价值

社会领域	价值
媒体	有利于信息的传播，为用户提供休闲娱乐内容，促进用户的社会交往
经济	推动互联网产业经济的发展，带动内容电商经济，为“短视频+”的新经济形态营造良好环境
文化	带动流行文化、小众文化、传统文化的发展，促进文化融合
教育	通过短视频进行舆论引导，提高用户媒介素养；利用短视频进行知识教学，提高用户各项技能
政治	用户可以通过短视频了解公共事件和相关政策等，有利于用户正确维护个人权益，也有利于政务工作的开展

1.2 短视频平台

短视频平台是以用户自发生产的短视频内容为主、通过短视频形式为其他用户提供信息的平台，这一节将通过介绍短视频平台的功能、内容生产与分发、内容监管模式、主要短视频平台以及短视频平台的创新机会来详细介绍短视频平台。

1.2.1 短视频平台的功能

相较于其他新媒体形态，以短视频为主的短视频平台的功能也有所不同，表 1-4 所示为短视频平台的功能和内容。

表 1-4　短视频平台的功能和内容

短视频平台的功能	内容
连接产销	将产品与销售相连接，如今各大短视频平台基本实现了“边看边买”的功能，在观看短视频时就能够直接购买相关产品
搭建平台	相较于其他类型的平台，围绕短视频搭建起的短视频平台的功能有所拓展，不仅有利于用户之间的互动交流，还为用户和产品之间搭建起了一座桥梁
赋能用户	在“人人都有麦克风”的互联网时代，短视频这种“麦克风”的声音显然要比其他新媒体的声音更大。“短、小、轻、薄、新、快、碎”的短视频能够更高效、更及时地将用户的声音和信息传递出去

1.2.2 短视频平台的内容生产与分发

短视频平台的内容生产与分发将从 3 个角度进行阐述，首先要了解和掌握短视频平台的核心逻辑，再在此基础上进一步了解短视频平台的内容生产与分发。

短视频平台的内容生产与分发

1. 短视频平台的核心逻辑

短视频平台的核心逻辑，即人人参与、精准匹配以及注意力经济。

（1）人人参与。短视频制作门槛较低，不需要用户熟练掌握视频剪辑特效等技能，平台自带一系列特效和滤镜，操作简单且极易上手，每个用户都可以利用短视频平台制作短视频。

（2）精准匹配。如今几乎所有的短视频平台都针对用户做了清晰的用户画像，针对不同用户进行个性化视频内容推荐，将用户与内容进行精准匹配。

例如，今日头条推荐的小视频内容，抖音、快手推荐的短视频内容，新浪微博推荐的各种视频链接，优酷、土豆、爱奇艺等推荐的影视剧作品，都是建立在大数据基础上的推荐系统所起的作用。

（3）注意力经济。在信息爆炸的互联网时代，用户的注意力被各种碎片化的信息所占据，最终导致用户时间的碎片化。而短视频的时间较短，一般在15秒到5分钟之间，内容简洁明了、短小精悍，正好适应用户的使用习惯。

2. 短视频平台的内容生产

短视频平台的内容多为用户自发生产，而用户之所以自发地生产短视频内容，主要是因为平台的引导和经济激励。此外，用户为满足自我表达、吸引关注的心理需求，也会积极主动地进行短视频内容生产。

（1）平台引导。短视频平台为短视频内容的生产和传播提供了一个很好的空间，引导用户自发地生产并上传视频，包括专业垂直类视频和生活综合类视频，为几乎所有用户提供了用短视频传递信息或记录生活的地方。

（2）经济激励。短视频平台的电商化为用户生产短视频提供了经济激励，如抖音官方网站陆续上线了一批诸如优惠券、扫码领券、开放购物车、达人入驻星图平台零佣金等全新的功能。

（3）用户自发。除受客观因素影响，用户自己也有自我表达、吸引关注的心理需求，通过生产与生活、学习、工作或者兴趣爱好相关的短视频，用户能够得到其他人的关注，获得心理上的满足。

3. 短视频平台的内容分发

短视频平台的内容分发模式有3种，分别为算法分发、人工分发、社交分发。

（1）算法分发。算法分发即利用算法来分析用户偏好，为用户推送其可能感兴趣的短视频。当前大部分短视频平台已经把视频内容的推荐权赋予了智能推荐系统，如抖音、快手等短视频平台。

（2）人工分发。人工分发即利用人力来审核分发短视频。尽管越来越多的平台都开启了智能推荐系统，但人工推荐在内容运营尤其是内容营销方面，仍发挥着重要的作用。例如，抖音大量招聘视频内容审核员，对短视频进行人工干预审核及分发。

（3）社交分发。社交分发即利用用户的社交关系来推广短视频。例如，微信视频号在本质上是微信最核心的逻辑——信息产品的社交分发，依托于微信通信录的社交关系进行内容分发。

1.2.3 短视频平台的内容监管模式

短视频平台的内容监督主体来自多方，包括平台中的用户、平台自身、其他短视频平台以及政府部门。

1. 用户监督

对于短视频平台的内容监管来说，最主要的是依靠用户自发地在短视频制作过程中发起监督，对自己的作品进行自我审核，在不违背相关的法律法规以及平台规定的基础上制作并传播短视频内容。此外，当短视频发布到平台之后，还面临着其他用户的监督，用户在观看短视频的同时，可以通过平台的举报机制，对存在非法内容的短视频进行监督举报。

2. 平台自律

短视频平台需要积极承担社会责任，在法律法规的基础上，针对平台内部短视频的内容、制作和传播制定相应的平台规则和秩序。

3. 同行监督

不同的短视频平台既是竞争对手，也是合作伙伴，同时还起到了互相监督、互相促进、互相激励的作用。

4. 政府监督

政府作为社会主义市场经济中“看得见的手”，需要对相关的平台进行监督，引导平台营造一个健康有序的互联网环境。当短视频平台存在大量非法内容，或者平台出现其他非法行为时，政府部门起到了强制监督的作用。

1.2.4 八大主要短视频平台

随着短视频行业的不断发展，一些短视频平台已经逐渐站稳了脚跟，本小节针对八大主要短视频平台，包括快手、抖音、西瓜、趣头条、全民小视频、梨视频、美拍、微视，分别分析其平台特点，表1-5所示为八大主要短视频平台。

表 1-5　八大主要短视频平台

短视频平台	Slogan（标语）	特点
快手	快手，记录世界，记录你	通俗接地气，用户多为真实、热爱分享的群体
抖音	记录美好生活	用户以年轻、时尚、颜值高的女性居多
西瓜	点亮对生活的好奇心	内容频道丰富，影视、游戏、音乐、美食、综艺五大类频道占据半数视频量
趣头条	让阅读更有价值	对标抖音极速版和快手极速版，目标为低线用户
全民小视频	品味达人趣事，发现真实有趣的世界	覆盖多种类型的小视频，用户多为热爱分享、记录的高颜值群体
梨视频	做最好看的资讯短视频	资讯类视频平台
美拍	懂女生，更好看！	用户以女性居多，美妆类垂直领域优势比较强
微视	发现更有趣	基于影像的社交平台，功能丰富容易上手

1.2.5　短视频平台的创新机会

分析以上主要短视频平台及其特点可以发现，尽管目前短视频平台数量众多，但还是留下了一些创新的机会。本小节将由小到大、由点及面地分析短视频平台的创新机会。

1. 点的创新

针对短视频平台内部的一些特定功能进行创新。例如，在节日期间推出与节日相关的滤镜或贴纸，吸引用户自发地创作并分享短视频。

2. 线的创新

针对短视频平台的某两个相关功能进行创新。例如，创新短视频平台内部的社交功能，将短视频直接分享给互相关注的好友。

3. 面的创新

针对短视频平台的某个流程进行创新。例如，在短视频社交的基础上进行创新，提供短视频群聊的功能，将内容创作、社交互动与社群运营相结合。

4. 整体的创新

针对短视频平台整体进行创新。尽管当前市场上已经有很多短视频平台存在，但垂直类短视频平台还比较少。针对一些细分领域，如教育、科学、美妆、体育等，推出一款有针对性的短视频平台，将有机会吸引一些有相应兴趣爱好的用户。

1.3　短视频行业的现状与未来趋势

短视频行业的现状与未来趋势

近年来短视频行业发展迅猛，据 CNNIC 发布的第 45 次《中国互联网络发展状况统计报告》显示，截至 2020 年 3 月，我国短视频用户规模达 7.73 亿，占网民群体的 85.5%。如此庞大的用户数据为短视频行业提供了坚实的发展基础。这一节将通过介绍短视频的市场规模和用户规模、产业链和生态圈、内容生产模式、变现套路、发展面临的困境与策略以及发展机遇，具体深入地分析短视频行业的整体现状与未来趋势。

1.3.1　短视频的市场规模和用户规模

随着短视频用户规模的快速增长，短视频行业逐渐进入健康发展的新阶段，在不断扩大国内外市场规模的同时，用户规模也有所增长。

1. 短视频的市场规模

各大短视频平台不断拓展对外传播领域，如抖音境外版 TikTok、快手境外版 Kwai 等应用迅速扩张占领境外市场。

短视频平台在努力扩展境外市场的同时，还担负起了输出文化的使命。生动直观、新颖易懂的短视频作品突破了语言的局限性，更具跨文化的传播力。

此外，短视频与其他行业的融合趋势愈发显著，尤其在带动贫困地区经济发展上作用明显。通过带动乡村旅游、推动农产品销售等方式，短视频拉动了一些贫困地区的经济发展。截至 2019 年 9 月，已有超过 1900 万人在快手平台上获得收入。

2. 短视频的用户规模

2019 年以来，短视频用户规模快速增长，CNNIC 发布的第 45 次《中国互联网络发展状况统计报告》显示，截至 2020 年 6 月，我国网民规模为 9.40 亿，其中手机网民规模达到了 9.32 亿，占比达 99.2%，其中短视频用户规模达 8.18 亿，占网民整体的 87%，如图 1-3 所示。

极光的数据显示，2020 年第三季度，短视频行业用户时长占比达 26.6%，稳固占据用户手机注意力头把交椅。2020 年 9 月，短视频行业的用户人均时长绝对值及同比增量均明显高于其他行业，人均每日使用时长超过 1 小时，较去年同期增长近 2 小时。

图 1-3　短视频的用户规模

1.3.2　短视频的产业链和生态圈

随着互联网行业的不断发展，短视频行业逐渐形成了特有的产业链和生态圈。短视频的产业链包括 6 个部分：内容生产方、平台运营方、内容消费者、服务提供方、技术提供方、其他参与者，而短视频的生态圈主要有腾讯生态圈、字节跳动生态圈以及阿里巴巴生态圈。

1. 短视频的产业链

短视频的产业链包括以下 6 个部分。

（1）内容生产方。直接产出短视频内容的一方，可以是一个人、一个企业，也可以是一个专门的短视频内容生产机构。目前短视频内容生产方多为普通用户或自媒体人士。

（2）平台运营方。为内容生产方提供平台的一方，如抖音、快手、微信视频号等。平台运营方的作用一般是对用户上传的内容进行审核和分发。

（3）内容消费者。愿意为短视频内容付费的用户。随着用户规模的扩大和平台内容的增多，短视频平台将会进一步吸引更多的愿意为内容消费的用户。

（4）服务提供方。为短视频平台及用户提供服务的一方。平台、内容生产方、消费者构成了短视频平台循环发展的基础，在此基础上，相关服务也会不断完善，如字节跳动推出了剪映，支持内容生产者加工、优化短视频。

（5）技术提供方。为短视频平台及用户提供技术支持的一方。技术作为最基础、最底层的支撑，负责维护短视频平台运行，完善短视频平台的服务。

（6）其他参与者。其他领域与短视频相结合的参与者。短视频平台会与电商、社交、游戏、资讯等平台产生互动，如短视频平台与资讯平台之间的相互作用，通过资讯平台进一步扩大短视频内容的传播范围，利用短视频的形式更好地传递信息。

2. 短视频的生态圈

目前我国短视频的生态圈主要有以下 3 个。

（1）腾讯生态圈。2013 年，由腾讯微博团队孵化的微视上线，主打 8 秒短视频。2017 年 4 月，微视宣布关闭。一年之后，退出市场的微视重新归来。2020 年初，微信视频号上线，腾讯再度进军短视频领域。微信视频号被认为是微信继公众号、小程序之后，推出的又一个重磅产品，而其能否在短视频领域弯道超车还有待观察。

小贴士

除视频号和微视，腾讯先后推出了 17 个短视频产品，包括企鹅看看、闪咖、QIM、DOV、MOKA 魔咔、猫饼、MO 声、腾讯云小视频、下饭、速看、时光、Yoo、酱油、音兔、哈皮、响风、时刻视频，但都没有能够在短视频领域站稳脚跟。

（2）字节跳动生态圈。字节跳动的短视频生态圈包括西瓜视频、抖音火山版、抖音、Tik Tok 等，图 1-4 所示为字节跳动生态圈。

2016 年 9 月，字节跳动旗下短视频产品抖音上线，这款产品的目标用户为一二线城市的年轻人，用户可以简单地拍摄短视频、添加音乐，形成自己的作品。

图 1-4　字节跳动生态圈

西瓜视频的前身头条视频于 2016 年 5 月上线，目标用户为三四线城市的年轻人。

火山小视频于 2017 年上线，目标用户为三四线城市的中年人，2020 年 1 月，火山小视频和抖音宣布品牌整合升级，火山小视频更名为抖音火山版。

此外，Tik Tok 是抖音短视频境外版，是我国产品在境外获得成功的杰出代表之一。

（3）阿里巴巴生态圈。2017 年，阿里巴巴文化娱乐集团召开了短视频战略暨新土豆发布会，宣布土豆全面转型为短视频平台。

2018 年 5 月初，淘宝论坛发布了主题为《短视频新产品内容紧急招募》的帖子，在帖子里透露出短视频 App 将于 6 月初上线的消息。

但目前为止阿里巴巴依然没有推出一款独立的短视频 App，而淘宝平台的短视频信息在一定程度上成为阿里巴巴发展短视频的突破口。

1.3.3　短视频的内容生产模式

短视频的内容生产模式主要有 5 种，分别为用户生成内容（User-Generated Content，UGC）、专业生产内容（Professional-Generated Content，PGC）、职业化生产内容（Occupationally-Generated Content，OGC）、多频道网络的产品形态（Multi-Channel Network，MCN）、企业自有媒体（Enterprise Owned-Media，EOM），表 1-6 所示为短视频内容生产模式及具体内容。

表 1-6　短视频内容生产模式及具体内容

内容生产模式	具体内容
UGC	用户生成内容，很多用户都有自己的抖音号、快手号、头条号或微信公众号，他们并没有自媒体团队，但个人生产的这些内容也能吸引大量“粉丝”
PGC	专业生产内容，这类生产者主要是来自新闻单位、非新闻单位网站或者平台等机构的专业人士，他们可以进行原创、伪原创、专题栏目制作等

（续表）

内容生产模式	具体内容
OGC	职业化生产的内容，以职业为前提，其创作内容属于职务行为，如很多专业媒体在自媒体平台上开设的账号就属于这一类
MCN	多频道网络的产品形态，将 PGC 内容联合起来，在资本的有力支持下，保障内容的持续输出，从而实现商业的稳定变现
EOM	企业自有媒体，很多企业拥有自己的自媒体平台，如奔驰、海尔等大企业的公众号，或者一些小微企业的抖音号等

1.3.4 短视频的五大变现套路

短视频的五大变现套路包括免费、用户付费、企业付费、平台付费、资本市场付费。短视频的五大变现套路如表 1-7 所示。

表 1-7　短视频的五大变现套路

变现套路	具体内容
免费	以免费的形式吸引用户，然后再将用户的注意力打包转售给企业或广告主以获得赞助收入或广告收入
用户付费	用户主动购买或者赞赏短视频内容。凯文·凯利（Kevin Kelly）在《必然》中提到，具有即时性、个性化、解释性、可靠性、获取权、实体化、可赞助、可寻性特征的内容可以向用户收费[4]
企业付费	有一定影响力的短视频运营者可以接到企业、机构等组织的邀请去做线下的培训课程或讲座
平台付费	平台为支持短视频创作者持续创作而推出的补贴扶持计划，如今日头条曾拿出 10 亿元补贴短视频的发展，又如西瓜视频的“万元日薪”扶持等
资本市场付费	资本市场为打造优质的短视频 IP，针对有发展潜力的短视频进行投资，如一些 MCN 机构会和有潜力的创作者签约

1.3.5 短视频发展面临的困境与策略

虽然现如今短视频行业发展飞速，但同样也面临着一些困境，这一小节将围绕短视频发展面临的困境以及应对的策略进行阐述。

1. 短视频发展面临的困境

短视频的发展面临着用户增长乏力、内容原创不足、商业变现瓶颈、行业监管趋严 4 个方面的困境。

（1）用户增长乏力。据第 45 次《中国互联网络发展状况统计报告》显示，截至 2020 年 3 月，我国短视频用户规模达 7.73 亿，已经达到了网民群体的 85.5%，短视频用户规模取得快速增长的可能性变小，动力不足。

（2）内容原创不足。由于短视频内容创作门槛较低，激起了很多非专业人士的创作热情，也正因如此，短视频平台上泛滥着同质化的模仿内容，原创作品不足。

（3）商业变现瓶颈。随着短视频用户增长趋缓，短视频的红利期也会随之消失，由此导致了短视频的商业变现出现瓶颈。

课堂讨论

请读者查找最新的短视频行业报告，分析短视频的红利期还有可能持续多长时间。

（4）行业监管趋严。2019 年 3 月，国家互联网信息办公室指导组织主要短视频平台试点上线“青少年防沉迷系统”，截至 2019 年 10 月，已有 53 家网络视频、直播平台上线了“青少年模式”；2019 年 11 月，国家互联网信息办公室等相关管理部门联合印发《网络音视频信息服务管理规定》，规定明确指出从事网络音视频信息服务相关方应当遵守的管理要求。

2. 短视频发展的策略

针对短视频发展面临的用户增长乏力、内容原创不足、商业变现瓶颈、行业监管趋严 4 个方面的困境，下面分别提出 4 个应对的策略：经营用户、打造 IP、垂直深耕、争做表率。

（1）经营用户。既然短视频用户增长乏力，那就针对现有的短视频用户好好经营，鼓励用户积极创作短视频，为用户提供短视频创作教程，提高用户的创作技能。

（2）打造 IP。挖掘出有发展潜力的短视频创作者，为其提供资金支持和技术支持，打造有影响力的短视频 IP。

（3）垂直深耕。针对一些领域进行垂直深耕，以此来吸引细分领域的新用户。

（4）争做表率。短视频平台要争做表率，打造一个阳光向上、健康积极的平台。

1.3.6 5G 时代的短视频发展机遇

要想了解 5G 时代的短视频发展机遇，就需要先掌握 5G 网络的三大特性：增强移动宽带、海量机器类通信、超高可靠超低时延连接。在此基础上，进一步对 5G 时代短视频的发展机遇展开分析。

1. 5G 网络的三大特性

（1）增强移动宽带（eMBB）。5G 网络的峰值速率可达到 20Gbit/s，这意味着下载一部 8GB 的电影只需要 6 秒；相比之下，4G 网络的 100Mbit/s 的下载速率简直就是“龟速”，下载同样大小的电影要七八分钟；而 3G 网络更是需要 1 小时左右。

（2）海量机器类通信（mMTC）。5G 网络的出现将促使移动互联网发展为未来的超级物联网，越来越多的设备开始以为用户提供更人性化和个性化的服务为目标而连接。

（3）超高可靠超低时延连接（uRLLC）。3G 网络的响应时间为 500ms，4G 网络的响应时间为 50ms，5G 网络要达到的响应时间则会低于 0.5ms。

2. 5G 时代短视频的发展机遇

在 5G 落地应用的层面上，与之关联最直接、最密切的就是媒体、娱乐和营销领域。

（1）媒体的视频化。在 5G 时代，更加多元化的应用场景逐渐视频化；各种视频终端逐渐迈向 4KB/8KB 的高清化；各类尺寸不一、大小各异的智能屏幕被安装在不同的场景中，使承载视频内容的终端逐渐泛在化；每位用户都拥有生产、加工和消费视频内容的基本能力，降低了视频表达的门槛。

（2）娱乐经济的繁荣。2018 年 10 月，英特尔（Intel）联合咨询顾问公司 Ovum（2020 年 2 月更名为 Omdia）完成的《5G 娱乐经济报告》预测，从 2019 年到 2028 年，全球传媒和娱乐产业规模将达到 3 万亿美元，其中接近 1.3 万亿美元来自 5G 网络业务。图 1-5 所示为 5G 将引爆传媒娱乐业的发展。

图 1-5　5G 将引爆传媒娱乐业的发展

（3）营销需要的创新。5G 时代的超级物联网将会比 4G 时代的移动互联网更加深刻地改变“人—货—场”之间的关系，任何一款应用、任何一种场景、任何一段视频都可以直接与某个网络卖家、某件爆款产品连接，做到让用户“看到即买到”，只要你眨眨眼或者点点头，它就会被系统放入你的购物车。更快的速度、更多的连接、更短的路径，将用户从营销认知到做出购买决策的时间距离和空间距离压缩到了收看一段视频或者体验一种虚拟现实场景的长度，甚至更短。用户只要看到心仪的产品，就可在瞬间完成购买动作。

1.4　短视频的基本制作流程

短视频的基本制作流程包括短视频的产品策划、内容创意、文案写作、拍摄制作以及运营。图 1-6 所示为短视频的基本制作流程。

图 1-6　短视频的基本制作流程

1.4.1　短视频的产品策划

短视频创作流程的第一个环节是产品策划，这部分主要包括短视频产品调查研究、短视频内容的策划以及短视频 IP 的策划与打造。

（1）短视频产品调查研究。在开发短视频产品之前，首先要了解短视频行业的发展情况，因此要做短视频行业发展环境调研、短视频行业政策调研以及短视频产品市场竞争调研。此外，在进行短视频产品策划之前的市场调研阶段，市场细分和目标市场的研究分析工作必不可少，这两项工作的完成有助于在短视频产品策划阶段做好对自身短视频产品的差异化定位。

（2）短视频内容的策划。完成了调研环节的市场细分研究和目标市场研究之后，接下来要做的首要工作就是对短视频内容进行策划。短视频内容策划的首要工作就是短视频的定位，短视频内容的创作者一定要切实地厘清自己的差异化竞争优势，打造爆款短视频产品。

（3）短视频 IP 的策划与打造。对于短视频来说，它的 IP 价值主要体现在创作者综合能力、议价和变现能力、多元化的内容生态。短视频 IP 的开发原则包括“一家独大”原则、“一网打尽”原则、“一鱼多吃”原则、“一衣带水”原则、“一如既往”原则，打造方法包括组建团队、形成模式、强化互动、合理变现、多维开发、精耕细作。这部分内容将在下一章详细介绍。

1.4.2 短视频的内容创意

短视频创作的第二个环节是内容创意，这部分主要包括确定短视频的形态、短视频内容选题、短视频故事创意以及短视频系列内容的创意开发。

（1）确定短视频的形态。在进行创作之前需要了解短视频的外在形态，如采用横屏还是竖屏；此外还需要了解短视频常见的内容类型，包括微纪录片型、网红 IP 型、草根恶搞型、情景短剧型、技能分享型、街头采访型、创意剪辑型等。

（2）短视频内容选题。选题对短视频的传播效果有着至关重要的作用，一个好的选题有利于后续短视频的制作和传播，因此需要明确短视频选题目的，熟悉短视频选题类别，学会建立选题库，提高短视频选题质量。

（3）短视频故事创意。通过突出故事构成要素的某个方面，形成短视频的故事亮点，同时在故事中设置悬念和冲突，丰富故事细节，让整个故事更加吸引人。

（4）短视频系列内容的创意开发。通过分析竖屏剧、短视频综艺、短视频纪录片、微剧、Vlog（Video Blog 或 Video Log，视频博客）、短视频广告等不同形式的创意开发，从中汲取灵感，为短视频系列内容的创意开发提供支持。

1.4.3 短视频的文案写作

短视频创作的第三个环节是文案写作，这部分主要包括短视频标题与简介、故事脚本、营销植入、开头结尾文案撰写的具体问题和方法。

（1）短视频标题与简介的写作。对于很多短视频平台来说，写出一个好的标题和简介，这个短视频就已经成功了一半。通过了解短视频标题的作用、特点和写作方法，能够为标题的写作奠定理论基础。短视频的标题应该具有通俗易懂、贴近生活、内容相关等特点，以此来吸引用户的注意力。

（2）短视频故事脚本的写作。故事脚本对于短视频来说至关重要，脚本包括拍摄提纲、文学脚本、分镜头脚本。其中分镜头脚本是最常用的。创作者通过删选分镜头脚本要素，如镜头编号、景别、对话（解说词、旁白）、音乐、音效和镜头长度等，写出分镜头脚本，确定故事的发展方向，提高短视频拍摄的效率，提高短视频拍摄质量，同时能够指导短视频的剪辑。

（3）短视频营销植入的写作。一个好的故事脚本还能够起到营销的作用，营销文案和短视频内容文案既有相同点，也存在一定差异。在了解短视频中营销文案价值的前提下，对比故事主导型与产品主导型的植入文案，学习短视频中营销文案的写作手法，可以让营销与短视频内容合二为一。

（4）短视频开头结尾文案的写作。掌握短视频开头和结尾文案的写作技巧十分重要。短视频的开头和结尾的文案有相似之处，如悬念的设置；也有不同之处，如增加互动、引导关注。二者的作用也有所差异，开头的文案主要是为了让用户观看完短视频，而结尾的文案主要是为了让用户关注短视频账号。

1.4.4 短视频的拍摄与制作

短视频创作的第四个环节是短视频的拍摄与制作，这部分主要包括拍摄前的准备、确定拍摄与制作的器材、拍摄过程的把控、确定制作软件以及剪辑和特效制作。

（1）短视频拍摄前的准备。在开始拍摄前，需要做好拍摄团队、故事脚本、演员、服化道、拍摄场地等的准备工作。

（2）确定短视频拍摄与制作的器材。了解并熟悉短视频拍摄与制作的器材对后续的拍摄工作十分重要，常用的短视频拍摄与制作器材包括摄像机、相机、手机、灯光、反光板、录音设备、辅助设备、后期制作电脑设备等。

（3）短视频拍摄过程的把控。在拍摄短视频过程中要注意遵守短视频平台的规范和拍摄过程中的一些要求，还要注意常用的构图手法、景别的选择、拍摄技巧、拍摄模式以及一些细节问题。

（4）确定短视频的制作软件。在短视频的剪辑过程中通常会遇到很多问题，因此提前做好剪辑的准备工作是十分必要的。在剪辑短视频之前，要了解并掌握各个短视频平台自带的制作功能、专门的手机短视频制作App、专门的视频剪辑制作软件以及各类辅助工具。

（5）短视频剪辑和特效制作。在剪辑过程中要注意剪辑思路、视频的主题、敏感信息、灵活性等问题，同时还要注意剪辑与转场、音乐的选择、特效的制作、字幕的添加等问题。

1.4.5　短视频的运营

短视频创作的第五个环节是短视频的运营，这部分主要包括账号的设置、内容的上传发布、“粉丝”的经营、矩阵的布局以及深度运营。

（1）账号的设置。运营短视频首先要创建和完善短视频账号，包括短视频账号的注册、昵称与签名的编辑、头像的选择、基本资料的填写以及账号的绑定认证。

（2）短视频内容的上传发布。创建和完善短视频账号之后，需要对短视频内容的标题、封面、标签、发布时间进行选择，在了解短视频内容审核程序的前提下发布短视频，同时引导“粉丝”和用户积极主动地分享短视频。

（3）短视频“粉丝”的经营。短视频“粉丝”的经营也非常重要，创作者通过掌握短视频账号的引流方法以及“涨粉”技巧，同时与“粉丝”积极地进行互动，线上线下同步运营，开发社群经济，有利于提高短视频账号的关注度。

（4）短视频矩阵的布局。短视频矩阵是针对用户的附加需要提供更多服务的多元化短视频渠道运营。这种方式以增加自身影响力，获取更多的“粉丝”，将“粉丝”导流到某一短视频上，以实现变现这一最终目的。

（5）短视频深度运营。短视频与直播、电商、社交、文旅、餐饮、教育等领域的合作是双赢的，不仅能够推动其他领域的发展，也能够促进短视频的不断发展。

本章结构图

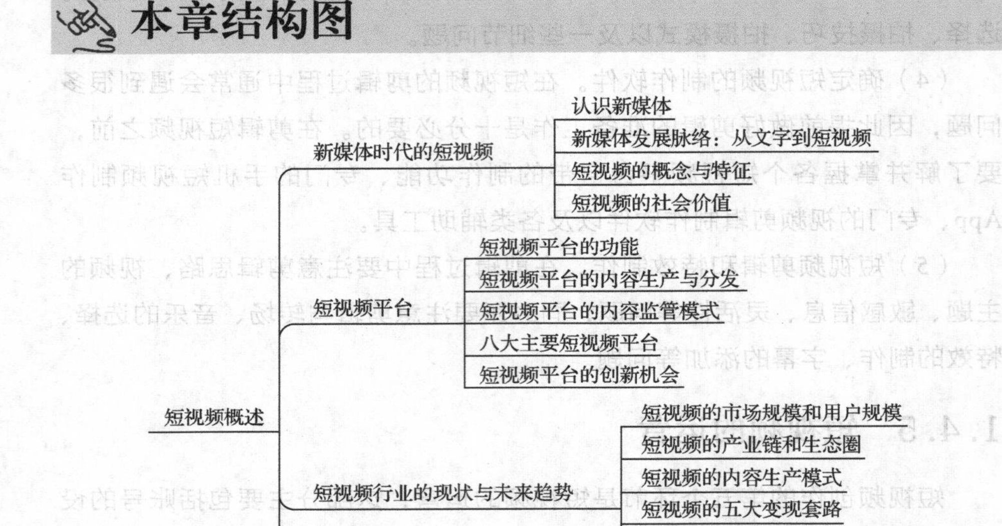

习题

1. 新媒体是什么？新媒体的发展脉络是什么？

2. 短视频的概念和特征是什么？短视频有哪些社会价值？

3. 短视频平台的内容分发模式有哪些？

4. 短视频平台一般通过哪些方式对内容进行监管？

5. 当前短视频的市场规模和用户规模如何？短视频行业发展面临的困境和策略有哪些？

实训

为了更好地理解短视频的相关理论知识，下面通过具体的实训来进行练习。

【实训目标】

了解一个短视频平台的历史、发展过程、崛起原因等，通过具体的案例来加深对本章知识的理解和认识。

【实训内容】

选择一个你喜欢的短视频平台。

（1）查找该平台发展历程的相关资料。

（2）分析平台的用户特点、内容分发模式、内容监管模式。

（3）分析平台的优势以及可能存在的问题和困境，并据此提出一些建议。

【实训要求】

（1）要求选择的短视频平台为近年来发展势头较好的平台，如抖音、快手等。

（2）查找的数据或资料应该为最新的信息。

第 2 章
短视频产品策划

【学习目标】

（1）了解短视频产品调查研究的主要方法，能够通过前期调查研究确定自身短视频产品的目标用户群体，并进行用户画像。

（2）掌握短视频市场定位的策略，掌握短视频内容策划的主要方法。

（3）理解短视频 IP 的巨大价值，掌握短视频 IP 的策划方法和开发策略。

（4）了解短视频产品的营销价值，了解短视频带货的商业逻辑，掌握短视频营销的方法。

要做好短视频，不仅需要进行详细的市场调研和明确的产品定位，还需要周密的短视频策划。短视频的策划包括短视频产品调查研究、短视频内容策划、短视频 IP 策划与打造三大主要部分。可以说，成功的短视频策划是短视频制作与运营的前提条件，没有前期的策划，后续的制作和运营就会失去指导方向。

2.1 短视频产品调查研究

"磨刀不误砍柴工"，调查研究对后续的短视频创作和运营起着关键作用。短视频产品调查研究包括短视频行业政策与市场竞争调研、短视频市场细分与市场选择以及短视频目标用户调查与用户画像。

2.1.1 短视频行业政策与市场竞争调研

在开发短视频产品之前，首先要了解短视频行业的发展情况，因此要做短视频行业发展现状的调研。

1. 短视频行业发展环境调研

影响短视频行业发展的宏观因素有很多，大致来看，对短视频行业发展环境进行分析主要应该着眼于以下几个方面。

（1）文化环境。主要应该分析短视频对传统文化、大众文化、流行文化、亚文化等方面的影响，如短视频弘扬社会正能量；同时也需认真研究当前主流文化和主流价值观对短视频内容所持的基本态度，如一些低俗短视频导致人们对短视频行业有偏见。

（2）经济环境。主要考察社会的生产力、居民收入水平和人均消费水平等具体经济指标，如果是面向特定城市或特定用户群体的短视频产品，还应该具体分析其在经济环境中与短视频消费相关的因素，如美妆短视频带货与大学生群体的消费能力。

（3）技术环境。分析当前及未来影响短视频行业发展的技术因素，如短视频平台提供的视频剪辑功能在技术上解决了普通用户的制作难题，又如5G通信技术的普及将推动视频内容超高清化。

课堂讨论

请读者回忆自互联网诞生以来，技术的发展经历了哪些阶段。

（4）人才环境。考察整个社会及本地区短视频人才的供给状况和收入状况，着重分析创意人才、制作人才和运营人才等群体，了解短视频人才创业的基本状况。

完成了对短视频行业发展环境的调研分析之后，就能够清楚地掌握大到全球或全国、小到本地区或本领域的短视频行业宏观发展状况，能够为自身要制作的短视频的垂直领域选择和产品基本定位提供参考。

2. 短视频行业政策调研

行业政策调研是对具体某个行业政策的本质、特点、内容、作用以及政策产生、发展、制定和实施规律的调查、分析和研究，其目的是通过掌握具体行业的政策内容和可能的变化方向，为行业相关利益群体提供决策依据，避免不应有的决策失误。

小贴士

短视频行业政策调研主要考察政策鼓励什么行为、禁止什么行为以及未来一段时间内新的行业政策将有可能关注哪些行业焦点。

短视频行业政策调研的调研对象和调研方法及举例如表 2-1 所示。

表 2-1　短视频行业政策调研的调研对象和调研方法及举例

调研对象	调研方法	举例
法律法规	密切关注政策制定部门或监管部门的网站或主流媒体相关新闻	中宣部、国家广播电视总局、各级网信办等
行业协会规范文件	主动搜寻我国网络视听节目服务协会出台的各项规范文件	《网络短视频平台管理规范》《网络短视频内容审核标准细则》《网络综艺节目内容审核标准细则》等
短视频平台自身政策	实时关注各大短视频平台不断更新的内容规范和激励、限制等政策	抖音、快手等各大平台都会在系统消息中及时更新
行业基本规则	走访调研短视频行业的从业人员	正式商务拜访，非正式沟通，网络问卷调查等
临时性政策或规定	及时掌握监管部门、行业协会、平台等发布的临时规定	2020 年 4 月 4 日举办全国性哀悼活动，平台暂停部分娱乐功能等

3. 短视频产品市场竞争调研

进行短视频产品的市场竞争调研的主要目的是准确判断同类短视频产品竞争对手的基本定位、内容策略和发展方向，并在此基础上适时调整自身在短视频领域的策略创新和产品布局。

短视频产品市场竞争调研主要分为以下 3 个部分。

（1）短视频行业整体竞争状况调研。分析行业内部平台之间的竞争、细分领域之间的竞争、短视频产品与其他内容产品之间的竞争等。调研方法主要有收集行业研究报告、整理行业新闻动态等。

（2）同类短视频产品竞争状况调研。明确具体的细分领域，对该领域内的头部、腰部、尾部的短视频产品进行详细的归纳总结，并清晰地罗列各类、各个短视频产品的优势和劣势。调研方法主要使用大数据分析和人工分析相结合的方法。

（3）细分领域的竞争者状况调研。对定位相似、产品相似、内容相似、模式相似的短视频行业竞争者的基本情况要有相对比较详细的分析。调研方法主要侧重于人工分析、产品对比测试、消费者问卷调查等。

表 2-2 所示为短视频产品市场竞争调研内容。

表 2-2 短视频产品市场竞争调研内容

调研分析指标	要点	步骤
竞争者类型分析	1. 现有竞争者 2. 潜在竞争者 3. 替代竞争者	1. 识别竞争者 2. 识别竞争者的策略 3. 判断竞争者目标 4. 评估竞争者的优势和劣势 5. 确定竞争者的战略 6. 判断竞争者的反应模式
竞争者地位分析	1. 市场领导者 2. 市场挑战者 3. 市场追随者 4. 市场补缺者	
竞争者优势和劣势分析	1. 产品 2. 渠道 3. 生产、运营、营销能力 4. 创意、策划能力 5. 资金实力 6. 组织管理能力	
竞争者市场反应行为分析	1. 迟钝性反应 2. 选择性反应 3. 强烈性反应 4. 不规则性反应	

2.1.2 短视频市场细分与市场选择

在对短视频产品进行策划之前的市场调研阶段，市场细分和目标市场的研究分析工作必不可少，这两项工作的完成有助于在短视频产品策划阶段做好对自身短视频产品的差异化定位。

小贴士

STP 是营销学中营销战略的核心三要素。在现代市场营销理论中，市场细分（Market Segmentation）、目标市场（Market Targeting）、市场定位（Market Positioning）是构成营销战略的核心三要素，被称为“STP 营销”。

1. 市场细分

市场细分是指企业或媒体组织按照某种标准将市场上的用户划分成若干个用户群，每一个用户群构成一个子市场，不同子市场之间，需求存在着明显的差别。

小贴士

市场细分是选择目标市场的基础工作。有效的市场细分调查研究工作有助于企业或媒体组织将有限的资源更有效地用于发现、挖掘并开拓全新的市场机会。做好短视频领域的市场细分工作，有助于短视频生产者全面详细地比较各个细分市场的潜在机会，并最终结合自身的能力与资源，确定目标市场。

市场细分的方法有很多种，短视频生产者在对短视频市场进行调研的过程中可以参考如下细分标准。表 2-3 所示为短视频市场细分的细分原则、具体因素及举例，表 2-4 所示为短视频平台抖音的类别和细分市场。

表 2-3　短视频市场细分的原则、具体因素及举例

细分原则	具体因素	举例
地理细分	按地理特征细分市场，包括以下因素：地形、气候、交通、城乡、行政区划等	1. 北美市场、欧洲市场、东南亚市场等 2. 一线城市市场、二线城市市场、三四线城市市场、县域市场等
行业细分	根据不同行业对某类产品的不同需求而进行的细分	1. 美妆类市场、家装类市场、文旅市场等 2. 综艺短视频、电影短视频、电视剧短视频等

（续表）

细分原则	具体因素	举例
人口细分	按人口特征细分市场，包括以下因素：年龄、性别、家庭人口数、收入、受教育程度、社会阶层等	1．“80后”市场、“90后”市场、“00后”市场等 2．婴幼儿市场、中年男性市场、老年女性市场等
心理细分	按个性或生活方式等变量对用户细分	1．冒险型人格市场、稳定型人格市场等 2．乐观派市场、悲观派市场等
行为细分	根据对用户的需求和行为的评估进行细分	1．白领市场、婴幼儿市场等 2．娱乐市场、教育市场等
社会文化细分	按社会文化特征细分市场，以民族文化、亚文化或小众文化等为细分依据	1．民族题材影视作品和短视频作品等 2．二次元用户市场等
使用者行为细分	按个人特征细分市场，以职业、家庭、个性等为细分依据	1．教师群体市场、金融精英群体市场、大学生群体市场等 2．单身市场、新婚市场、满巢市场、空巢市场等

表2-4 短视频平台抖音的类别和细分市场

类别	细分市场
颜值	美女、帅哥、萌娃、美妆、美发、减肥、时尚、护肤、穿搭、街拍等
兴趣	汽车、旅行、游戏、科技、动漫、星座、美食、影视、魔术、声音等
生活	动物、生活、体育、情感、家居等
技艺	搞笑、音乐、舞蹈、文艺、画画、程序员、外语、魔方等
体育	足球、篮球、减肥、健康、瑜伽等
游戏	王者荣耀、刺激战场、英雄联盟、穿越火线、第五人格等
上班族	职场、办公室、程序员、办公软件、Excel、Word、PPT、Office等
学生党	小学、初中、高中、大学、语文、数学、校园、教育等
其他	明星、演员、品牌、蓝V、购物车、种草、金句、政务、老外、探店、头条系、技术流、娱乐、养生、法律、心理、手表等

2. 目标市场选择

目标市场选择也可以称为“目标用户群体选择”，是指企业或媒体组织在市场细分之后的若干“子市场”中，选择一个特定细分市场作为自身产品或服务的主要面向对象，这个被选定的细分市场中的用户之间具有高度相似的需求或特征。

面向细分市场的短视频，也就是垂直类短视频，以其内容专业、用户明确、商业价值清晰、可变现方式多元等特征日益受到短视频平台和短视频内容生产者的关注。图 2-1 所示为不同垂直行业的特点及发展趋势分析。

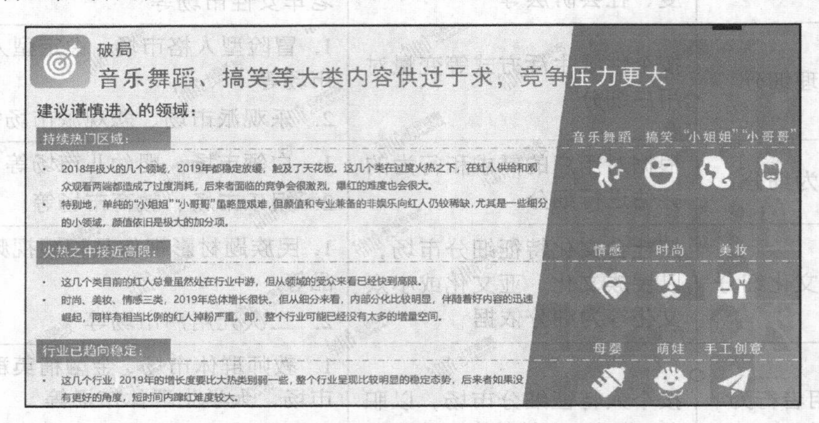

图 2-1　不同垂直行业的特点及发展趋势分析

目标市场选择的 3 个基本原则如下。

（1）目标市场要有一定的规模和潜力。例如，搞笑类短视频市场和颜值类短视频市场已经过度饱和，内容创作者可以选择尚未被完全开发的教育类短视频市场或技能类短视频市场。

（2）目标市场要与创作者自身的资源相匹配。例如，对历史有着充分积累和独到见解的创作者，就不要去做自己不擅长的美食类短视频，最好选择制作与历史相关的短视频。

（3）目标市场的用户群体要有观看短视频内容的习惯。例如，英语类短视频面向的是学生和白领人群，他们中的大部分人本身就经常观看短视频，但财经类短视频面向的商业精英群体由于工作繁忙，导致他们中的相当一部分人几乎没有时间观看短视频。

遵循这几个原则，短视频创作者在选择目标市场的时候就能做到有的放矢，从而能够保证自己所选择的目标市场具备一定的开发价值和商业机会。

2.1.3　短视频目标用户调查与用户画像

在了解短视频宏观的政策和市场情况之后，需要进一步对目标用户展开调查研究，同时需要完成目标用户画像。

1. 短视频目标用户调查研究

目标用户调研，指通过各种方式得到目标用户对于某类产品或服务的基本态度和意见建议，并对此进行汇总，从而明确目标用户群体的需求，并在此基础上向他们提供更有针对性的解决方案。

总的来看，目标用户调研工作主要通过以下几个步骤来完成，图 2-2 所示为目标用户调查研究的主要步骤。

图 2-2 目标用户调查研究的主要步骤

（1）明确调研目的。调研目的可以是了解用户观看短视频的习惯，也可以是摸清用户对某类短视频的基本态度，还可以是了解自身的短视频内容在用户脑海中形成的印象。图 2-3 所示分别为不合适与合适的调研目的。

不合适的调研目的	合适的调研目的
对本站的用户做针对性调研（目的不明确）	在支付节点对用户流失原因进行调研分析
北京地区女性用户使用情况调研（背景不明确）	北京地区女性用户下单转化率很高，针对其在平台中购买路径的调研分析
全面了解产品的用户使用情况（假大空）	了解用户在下单决策过程中核心的关注点
O2O行业用户使用习惯调研（大而全）	针对用户在地铁上使用网易新闻客户端的习惯调研

图 2-3 合适与不合适的调研目的

（2）设计调研方案。调研方案中要明确交代调研目的、调研对象、调研内容、调研方法和调研成果，尤其是采用问卷调查或者深度访谈等方法的调研活动，在其调研方案中更需要按照一定层次和逻辑详细地列出问卷问题或访谈提纲。

通常可以按照基本信息、使用场景、使用态度、使用习惯、兴趣爱好、社会属性等维度来展开问卷调查或进行深度访谈。

（3）开展调研活动。调研活动的开展是调研方案的落地实施过程，其主要工作就是按照前期设计好的调研方案一步步完成调研任务。调研活动可以通过问卷调查与深度访谈和大数据分析两种方法展开。

（4）完成调研报告。调研报告是对整个调研工作的总结，借助于前期收集的问卷、访谈或大数据，认真分析总结，形成完整的调研报告，调研报告中要重点突出通过本次调研活动得出来的观点、结论和建议。例如，用户喜欢什么风格的短视频，什么长度的短视频播放量最高，如何改进自身的短视频内容等。目标用户调研报告的参考模板如表 2-5 所示。

表 2-5　目标用户调研报告的参考模板

部分	标题	内容要点
第一部分	首页	内容：××产品用户调研报告、作者、时间等 要求：简单、醒目
第二部分	目录	内容：体现报告的主要章节、主要内容 要求：结构清晰、逻辑顺畅
第三部分	调查目的	内容：具体说明此次调研的目的和目标 要求：目的要明确、具体，不要泛泛而谈，要对后面的调研有明确的指导意义
第四部分	调查方法	内容： （1）用户取样范围 （2）用户取样代表性分析 （3）调研的形式和方法，如电话访谈、在线问卷、线下访谈等 要求：取样要有效覆盖样本，数据要有说服力，方法要能收集到真实数据
第五部分	数据说明	内容： （1）有效样本数量 （2）筛选样本标准 （3）调查日期 （4）调查工具 （5）数据统计分析工具 要求：要有针对性，数据要准确、清晰

（续表）

部分	标题	内容要点
第六部分	调查展示	内容：根据调研的问题，呈现调查到的情况 要求：呈现用户的真实情况
第七部分	调查分析	内容：对调查的问题进行逐一分析 要求：可以挨个分析问题，也可以同一类横向、纵向比较
第八部分	调查结论	内容： （1）发现了什么事实 （2）知道了什么原因 （3）需要避免什么问题 （4）给出解决方案 要求：这是报告核心的地方，要能够落地，有理有据地开展后面的工作
第九部分	效果评估	内容：调研报告对应方案落实后的可能结果是什么，提前进行评估 要求：根据报告给出的落实时间，确定衡量考核的数据指标和时间

2. 短视频目标用户画像

用户画像是一种勾画目标用户、联系用户诉求与产品或服务改进方向的有效工具，而短视频目标用户调研活动和用户调研报告中非常重要的一个组成部分就是目标用户画像，它是真实用户的虚拟代表，它既建立在真实用户的基础上，但又不是一个具体的人。表 2-6 所示为用户画像的 PERSONAL 八要素。

表 2-6 用户画像的 PERSONAL 八要素

P	基本性（Primary）	用户角色是不是基于对真实用户的情景访谈等步骤获取得到的
E	同理性（Empathetic）	用户角色中包含姓名、照片和产品相关的描述，用户角色是否能够引起同理心
R	真实性（Realistic）	对那些每天与顾客打交道的人来说，用户角色是否看起来像真实人物
S	独特性（Singular）	每个用户是不是独特的，彼此很少有相似性

（续表）

O	目标性（Objective）	用户角色是否包含与产品相关的高层次目标，是否包含关键词来描述该目标
N	数量性（Numerous）	用户角色的数量级是否足够明确，以便在创作时能记住每个用户角色的姓名，以及其中的一个主要用户角色
A	应用性（Applicable）	是否能使用用户角色作为一种实用工具进行设计决策
L	长久性（Long）	用户标签的长久性

在短视频领域，用户画像也有广泛的用途。对短视频平台而言，抖音、快手、火山、bilibili 等都会利用智能算法向画像不同的用户推荐不同的短视频产品；对短视频创作者而言，明确自身所选择的目标市场的用户画像，有利于他们据此创作出更受用户喜爱的内容产品；对用户而言，用户画像则能够帮助他们过滤掉根本不会引起观看兴趣的短视频，图 2-4 所示为易观智库的用户画像体系。

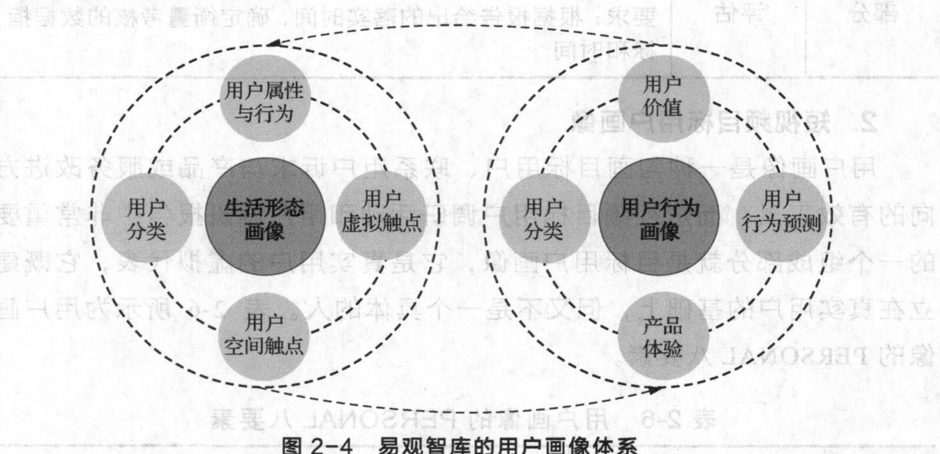

图 2-4 易观智库的用户画像体系

2.2 短视频内容策划

完成了短视频产品的调查研究之后，接下来要做的首要工作就是对短视频内容进行策划，这部分的主要内容包括 3 个方面，即短视频的市场定位、爆款短视频的关键特征与核心要素、短视频内容策划的原则与方法。

2.2.1 短视频的市场定位

进行短视频内容策划的首要工作就是要完成 STP 模型的第三步：市场定位。这一小节将介绍市场定位的概念、必要性、步骤以及方法。

1. 市场定位的概念

市场定位是指根据竞争者现有产品或服务在市场上所处的位置，针对消费者或用户对该种产品或服务的某种特征、属性和核心利益的重视程度，强有力的塑造出此产品或服务与众不同的、给人印象深刻、鲜明的个性或形象，并通过一套特定的营销组合把这种形象迅速、准确而又生动地传递给用户，影响用户对该产品的总体感觉。

短视频是一种内容产品，对短视频产品的明确定位意味着创作者决定面向目标用户群制作并发布符合他们兴趣偏好和消费特征的垂直类短视频内容，而不是随心所欲、漫无目的地进行生产和发布。

2. 市场定位的必要性

随着流量成本越来越高、市场门槛越来越低、对吸引用户注意力的竞争越来越激烈，短视频创作者对自身产品进行差异化定位的必要性越来越明显。

小贴士

关于短视频定位的必要性，杰克·特劳特（Jack Trout）和史蒂夫·里夫金（Steve Rivkin）在《新定位》（2002）一书中明确地提了以下 5 点。

（1）消费者只能接收有限的信息。

（2）消费者喜欢简单，讨厌复杂。

（3）消费者缺乏安全感。

（4）消费者对品牌的印象不会轻易改变。

（5）消费者的心智容易失去焦点。

也就是说，创作者对短视频产品进行定位，是为了使自身的短视频成为用户可以接受的有限信息，满足他们最简单的利益诉求（如搞笑或有用），让他们知道创作者会持续稳定地输出这类短视频，维持他们对短视频账号的既有印象，让他们能在泛滥的信息旋涡中找到聚焦点。

这里再强调一下，什么内容都做的创作者永远无法在粉丝心中形成特色鲜明的标签。

3. 市场定位的步骤

短视频内容的创作者一定要切实地厘清自己的差异化竞争优势，并按照以下 4 个步骤来对自身产品进行定位。

（1）分析行业环境。在 2.1 节中已经详细地介绍了前期调研工作的主要目的就是做到知己知彼，明确知道竞争者和自己的优势、劣势。

（2）寻找区隔概念。在调研的基础上，创作者要寻找一个概念，使自己与竞争者区别开来。

例如，李佳琦的区隔概念是“淘宝直播一哥”，李子柒的区隔概念是“最美网红”等，李佳琦与李子柒微博页面截图如图 2-5 所示。

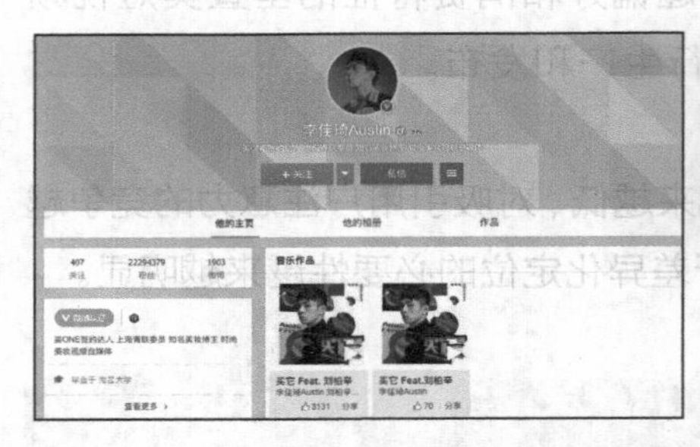

图 2-5　李佳琦与李子柒微博页面截图

（3）找到支撑点。光有区隔概念还不够，还必须要找到支持点，让它真实可信。

例如，李子柒并不是因为相貌长得最好看才被称为“最美网红”的，而是因为她的短视频内容画面美、内容美、风格美、品德美等。

（4）传播与应用。找到了区隔概念和支撑点并不等于万事大吉，创作者还要靠短视频的广泛传播才能将这个差异化的定位植入用户的脑海之中。

4. 市场定位的方法

短视频产品市场定位的方法有很多种，包括成为第一、USP、情感牌、延续经典、市场专长等。

（1）成为第一。打造细分领域的领导者形象，如“粉丝”数量第一、细分市场第一家或第一位、播放量第一、内容最搞笑、表达方式最具创意性等；与此相类似的，也可以通过细分领域前三名、Top10 等区隔概念进行定位。

（2）USP。找到独特的价值主张（Unique Selling Proposition，USP），如“会说相声的大厨”“光头杨”“意大利女孩在中国”等。

（3）情感牌。触动用户内心深处的情感痛点，如“空城情感”“王逗逗爱逗逗儿”“我们的 80 年代”等。

（4）延续经典。在原有经典 IP 的基础之上继续衍生相关短视频内容，如《主播说联播》《蜗牛看西游》等。

（5）市场专长。做到人无我有，人有我优，人优我强，如“崔玉涛的育学园”等。

2.2.2　爆款短视频的关键特征与核心要素

在对短视频进行市场定位之后，就需要针对具体的短视频内容展开分析，通过分析爆款短视频的关键特征与核心要素来为自己创作优质的爆款短视频提供灵感。

1. 爆款短视频的关键特征

爆款短视频的关键特征有 4 点，即大众话题，接地气儿；情节紧凑，内容饱满；角度新颖，个性突出；话题轻松，表达有趣。

（1）大众话题，接地气儿。大量的爆款短视频都证明，那些贴近大众、有广大的“群众基础”的短视频作品更容易引爆传播。

papi 酱制作的《papi 酱致某些讨人厌的亲戚》短视频就非常容易引起用户的情感共鸣，引导用户主动参与和互动转发吐槽，图 2-6 所示为短视频《papi 酱致某些讨人厌的亲戚》截图。

图 2-6　短视频《papi 酱致某些讨人厌的亲戚》截图

（2）情节紧凑，内容饱满。由于用户观看短视频的时间基本都是碎片化的，因此成功的短视频的节奏都非常紧凑，力图在最短的时间内向用户提供最丰富的休闲、娱乐或资讯信息。例如，一条视频改变了原有纪录片时间长的特点，提炼精华内容，在几分钟内为用户呈现一部完整纪录片的主要内容，从而获得了用户的喜爱。图 2-7 所示为一条视频《18 岁少女隐居深山开网店》截图。

图 2-7　一条视频《18 岁少女隐居深山开网店》截图

（3）角度新颖，个性突出。歌星的声音有自己的特点、演员的表演有自己的风格，爆款的短视频也有自己的独特之处，这就是辨识度。辨识度是打造持续爆款作品的重中之重，否则哪怕出现一个爆款，也有可能只是昙花一现。例如，“办公室小野”的短视频内容、拍摄角度和风格都很新颖，不仅在节目形式上做到了“办公室+美食”的创新，在做饭方式上，也是脑洞大开，奇思不断，如爆火全网的饮水机煮火锅短视频，引得全网疯狂转发，并在极短时间就占据微博热搜榜第一。

（4）话题轻松，表达有趣。短视频平台以短视频内容时间短、切入点小、话题轻松等特征吸引了大量用户。用户观看短视频的主要动机是填充碎片化时间、消磨无聊时间和丰富独处时间，因此那些爆款短视频基本都在解决这样的痛点。哪怕是知识类和技能类的短视频，其爆款也都能让用户在轻松愉快的氛围下“get”到新的知识和技能。其中较为典型的是《新闻联播》的主持人，在抖音、快手上一改往日的正襟危坐，用轻松、幽默的态度跟用户聊起了与我们生活息息相关的事。

2．爆款短视频产品的核心要素

爆款短视频的核心要素可以用“视听味道”4 个字来概括，也就是视觉画面、背景音乐、趣味丰富和文案娓娓道来。

（1）视：视觉画面。画面是吸引用户观看短视频最主要的因素，也是短视频所有要素中最重要的部分。移动互联网时代的用户注意力都是碎片化的，如果短视频不能通过画面快速吸引用户的眼球，那用户就很容易流失。

（2）听：背景音乐。音乐在情绪营造和氛围带动方面的作用不容小觑。不同类别的短视频体现的主题内容和想要表达的感情都是不同的，采用的背景音乐自然也不同。可是它们在选择音乐时遵循的准则是一样的：背景音乐要与短视频具体内容的特点、感情特性保持一致。例如，李子柒的美食视频中选取的背景音乐主要都是旋律优美的轻音乐，且声音不会太大，与画面中的流水声、狗叫声、切菜声交织在一起，使得整个画面更加和谐。同样是特色美食类短视频，“贫穷料理”的短视频特点则是和李子柒完全不同的搞怪、趣逗风，所以其背景音乐也相应地选取了一些曲风活泼、节奏感鲜明的音乐。图 2-8 所示为李子柒与“贫穷料理”的短视频截图。

图 2-8　李子柒与“贫穷料理”的短视频截图

（3）味：趣味丰富。短视频具有轻松、活泼、直观、生动、有趣等特点，在传播信息方面比文字和图片包含的维度更丰富，越来越多的组织和个人选择采用短视频的方式与用户建立连接、保持互动，让用户在轻松活泼的氛围下有所收获。因此，趣味性就成了短视频产品必不可少的因素，哪怕是知识类的、技能类的乃至时政类的短视频，那些充满趣味性的内容远比单调乏味的内容更容易获得高点击量。

（4）道：文案娓娓道来。娓娓道来的要素就是短视频的文案。短视频的推荐机制以机器推荐为主，但机器很难在视频画面或背景音乐中获取到相关的有效信息，最直接有效的方法就是通过短视频的文案、描述、标签、分类等信息来判断是否值得推荐。因此，千万不要认为短视频内容中的文案只是“绿叶”，有时，一句好文案就能把一条短视频推上热门。更进一步地，虽然短视频内容是智能推荐算法来做推荐，但是当短视频点赞过万后，就开始进入复审阶段，这时候是人工审核的。如果文案可以打动审核人员，那也就意味着它将会被推荐给更多的用户，从而有机会成为爆款。

2.2.3 短视频内容策划的原则与方法

短视频内容策划的原则与方法

掌握短视频内容策划的原则与方法之后，短视频创作者在创作短视频过程中能够有一个大致方向和总体框架，能够避免走一些不必要的弯路。

1. 短视频内容策划的基本原则

在对短视频内容进行策划的时候，以下一些基本原则可以认真借鉴，虽然不一定在每一条短视频中都坚持所有原则，但组合使用其中的几项原则，一定会提高短视频的质量和流量。

（1）创意性。短视频内容的创意性是影响用户点击、观看、评论、转发的一大关键因素，也是策划的首要原则。

拥有 1800 万“粉丝”的抖音博主“山村小杰”最大的特点就是将平淡无奇的山村生活进行创意化表达。他用竹子制作很多生活用品，从衣架、手机支架、路灯到挎包等，在展示这些手艺时用到了很多创意性元素，也正因此，他的每一条短视频基本上都获得了几十万甚至上百万的点赞数。图 2-9 所示为“山村小杰”抖音页面截图。

（2）幽默性。能让用户笑出来的短视频，就能让用户记住、喜欢甚至追捧，这一原则已经成为短视频领域的共识，这里不再赘述。

（3）能量性。正能量的内容往往能激发用户的正向情感和行为，并能够获得更广泛的点赞和转发。几乎很少有用户喜欢转发负能量的短视频。

图 2-9 “山村小杰”抖音页面截图

（4）精简性。短视频的内容节奏要快，策划的过程中要删减掉多余的部分，在几分钟甚至几十秒内呈现丰富的内容。从推荐算法的角度来讲，时间短的视频往往播完率高，高播完率会带来更多的推荐量及观看量。

（5）故事性。用户喜欢听故事、看故事。优质的短视频既需要素材生动有内涵，也需要精心构思剪辑，把好故事讲好，通过故事向用户传递信息、情感、思想。

（6）猎奇性。猎奇是指寻找、探索新奇事物来满足人们的好奇心理，用户喜欢利用短视频了解一些自己不曾听过、见过、经历过的人、事、物，并从中获得一定的满足感。

（7）情感性。不管是暖心的、青春的、忧伤的、快乐的、轻松的……情感类短视频一直都是用户关注较高的内容。

（8）时效性。追热点是提高点击率最直接且最有效的方式。借势特殊的时间节点或者刚发生的某个热点事件，往往能够让视频瞬间被引爆，从而达到扩大影响力的效果。

（9）实用性。2017 年，“金秒奖”（我国首个新媒体短视频奖项）第一季度的参赛视频中知识类参赛作品只有 24 条，却收获了平均每条 227 万次的播放量，这表明用户对实用性的短视频的需求度较高。例如，抖音博主“秋叶 Excel”将专业晦涩的 Excel 技巧通过生动有趣的短视频进行解析，简单易学，知识性和实操性非常强。

2. 短视频内容策划的主要方法

短视频内容策划的方法可以多种多样，下面列举了头脑风暴法、故事模型法、节奏掌控法和场景分解法这 4 种主要方法，主要涉及整体策划、结构策划、节奏策划和细节策划等方面。

（1）头脑风暴法。这一方法由美国 BBDO 广告公司的亚历克斯·奥斯本（Alex Faickney Osborn）首创，主要是指创意策划工作人员在正常融洽和不受任何限制的气氛中以会议形式进行讨论、座谈，打破常规，积极思考，充分发表看法的方法。头脑风暴法的精髓在于允许各种天马行空的想法不断涌现，并集合众人智慧将之完善。

课堂讨论

请读者与团队、同学或者朋友一起，通过头脑风暴的方式策划想要制作的短视频内容。

（2）故事模型法。这一方法主要指通过固定的故事结构模型进行内容策划的方法，短视频产品策划的主要任务是内容策划，内容策划的主要对象是故事，故事策划的主要部分是结构，因此掌握合理的故事结构模型至关重要。无论是一部 120 分钟的故事影片，还是只有 15 秒的短视频故事，故事的基本结构模型都是类似的。

小贴士

这里推荐两类结构：一类是三幕剧结构，即“开头—危机—高潮”，3 个部分相互贯通形成一个完整的小故事，短视频恰因其时间短而可以用这种模式，将短视频的策划分为开场策划、高潮策划和收尾策划三部分；另一类是四步走结构，就是通常说的“起承转合”，它又可以有“目标—阻碍—努力—结果”或“目标—意外—转折—结局”等不同类型。

（3）节奏掌控法。这一方法指的是通过策划短视频的节奏来吸引用户的注意力的方法，可以参考“1—3—5—9”注意力吸引策略：“1”的意思是短视频的第 1 秒，给用户一个点开或驻足观看的理由；“3”的意思是短视频要在 3 秒内完成开篇点题任务；“5”的意思是要将劲爆的内容在前 5 秒内进行集中放送；“9”的意思是在第 9 秒的时候开始引导用户留言、关注、转发、点击下一个、购买链接中的产品等。

小贴士

这种“1—3—5—9”的策划方法主要还是针对时长在 15 秒以内的短视频而言的，对于 30 秒、60 秒乃至数分钟的短视频内容，也可以按照类似的方式进行策划，只不过要根据整体时长适当调整各个动作的时间节点和推进节奏。

（4）场景分解法。这一方法就是要将每个场景和每个画面详细分解开来，对其中要呈现的画面、音乐、趣味性和文案进行充分策划的方法。场景分解是强调针对每一个具体场景乃至具体场景下的某一个具体画面的策划。大体而言，15 秒的短视频可以被划分为 7 个以内的场景，每个场景包含 20～30 个画面，将它们以蒙太奇的方式组合在一起就构成了短视频的故事情节和推进节奏。

2.3 短视频 IP 策划与打造

IP 是 Intellectual Property 的缩写，主要指知识产权的作品、符号、商标或者专利等，是一个抽象的认知。现在普遍提到的超级 IP 就是指非常受欢迎的作品，通过 IP 授权或出让可以获得巨大的商业价值。近年来，短视频 IP 受到了越来越多的关注，因此短视频 IP 策划与打造值得进行深入的研究。

2.3.1 短视频 IP 的垂直定位

凡是热度比较持久的 IP，都是在进行持续且多领域的 IP 塑造。例如，全球知名 IP 漫威系列，除了几乎每年一部的电影大片，漫画、剧集以及衍生产品等的开发也在同步跟进，才有了现在的“漫威宇宙”。国内的诸多 IP 在开发的过程中，也是进行了多品类线的同步开发，如“喜羊羊”“天龙八部”“择天记”等 IP。

1. 短视频 IP 的主要价值

对于短视频来说，它的 IP 价值主要体现在以下几个方面。

（1）短视频 IP 是创作者综合能力的体现。试想，那么多光鲜亮丽的电视人，为什么一直没有利用自己的一技之长在短视频领域有大的作为，形成大量的 IP 作品呢？这其中很关键的因素在于 IP 不仅考验一个人的拍摄和剪辑能力，还要考验一个人的策划能力、创意能力、营销能力、运营能力等。因此，短视频作品只是短视频 IP 的产品和形式之一，短视频 IP 对创作者有更高的要求。

（2）短视频 IP 具有更强的变现能力。只要短视频 IP 的内容足够垂直，在用户观看时就已经完成了目标用户的筛选，用户对于其关联商品的需求非常明确，从而增强了短视频 IP 的变现能力。

例如，短视频《李老鼠说车》节目在第三期的时候就受到了车企赞助商的认可，这就体现了 IP 的变现能力。图 2-10 所示为“李老鼠说车”微博页面截图，截至 2020 年 9 月，其“粉丝”数量已经上百万。

图 2-10 “李老鼠说车”微博页面截图

（3）短视频 IP 可以衍生更多元化的内容生态。伴随短视频 IP 产生的不仅有规模经济，更有范围经济。前者指的是爆款 IP 能够持续获得更高的流量，后者是指爆款 IP 可以在持续输出短视频形成的光环效应之下，继续开发出与现有 IP 高度相关的短视频矩阵、新媒体矩阵、内容矩阵乃至商业价值矩阵。

课堂讨论

请读者回顾自己以往观看的短视频，思考有哪些是爆款的垂直类短视频 IP。

2. 短视频 IP 垂直定位的方法

短视频是泛娱乐内容的一种，具有内容普适性强、传播力强的特点，但是在泛娱乐领域，短视频市场的竞争已经白热化，需要寻找新的出路，如短视频 IP 的垂直定位。垂直领域因其细分化、专业性、用户人群精准等特征，有着非常大的发展潜力。因此，垂直领域的短视频 IP 将是短视频行业发展的重要方向之一。

下面是几种短视频 IP 垂直定位的方法。

（1）用户规模定位法。在了解细分领域用户规模的基础上，选择那些用户规模相对可观的垂直领域，并提前制定好包括获客方式和获客成本的最佳方案。垂直细分领域的最大特征是用户数量的增长会遇到天花板，因此在对短视频 IP 进行定位和孵化之前，必须对细分领域的用户规模有清晰的了解。

小贴士

除非必要，否则不要选择用户群体过小（如只有几千几万用户群体）的垂直领域，在这样的领域中即使做到第一也没有实际意义。

（2）用户需求定位法。从用户需求角度出发，打造能够与用户需求产生较强的关联性的垂直类的 IP。例如，英语学习就是一项非常典型的需求，基于这一需求定位的“MrYang 杨家成英语”就将英语学习的需求与音乐、娱乐、表演等元素结合在一起，紧扣用户学习英语过程中的各种需求和痛点，截至 2020 年 9 月，已获得了上千万的“粉丝”规模。图 2-11 所示为“MrYang 杨家成英语”抖音页面截图。

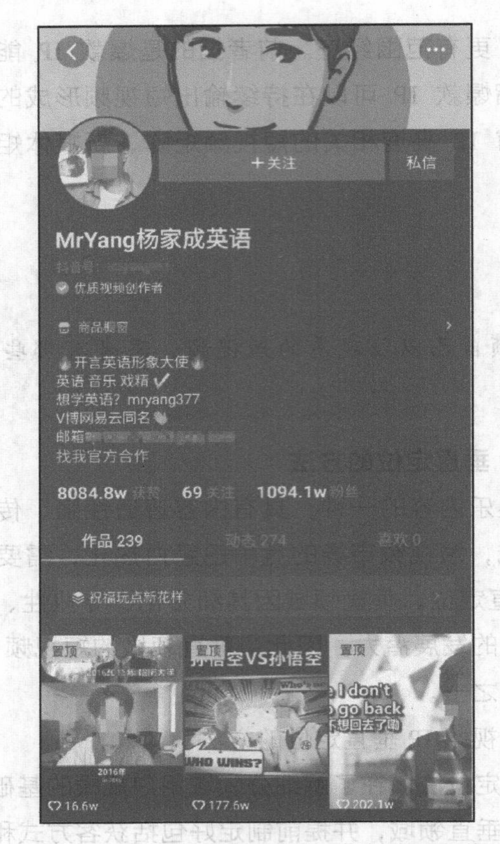

图 2-11 “MrYang 杨家成英语”抖音页面截图

（3）优势资源定位法。利用自身优势资源，包括专业、外部资源、阶段身份、兴趣爱好等，打造差异化的短视频 IP。专业方面的优势，包括历史、金融、计算机、外语、会计等；外部资源的优势，包括景区资源、专家资源、销售渠道资源等；阶段身份方面的优势，包括读博、考研、育儿、留学、装修、疾病等；兴趣爱好方面的优势，包括美妆、健身、二次元、星座、手工、宠物等。

课堂讨论

请读者思考自己的优势资源，构建短视频 IP 定位的雏形。

（4）人格标签定位法。这种定位的方法主张把人物 IP 化或者把 IP 人格化，如创作者本身的性别、年龄、职业、性格、爱好、怪癖，关键性的事件和标志性的动作等，越具体越好，都可以成为短视频 IP 的某种人设或标签。这种人格标签定位法具有更立体的内涵和外延，从而形成“人以群分”的短视频 IP 粉丝群体。人物性格、语言风格、肢体动作、标签化表情、人设昵称、粉丝名称等都可以成为这种标签。

2.3.2　短视频 IP 的关键特征与核心要素

要想打造优质的短视频 IP，就需要了解短视频 IP 的关键特征和核心要素，只有掌握了这两点，才能更好地展开后续的工作。

1. 短视频 IP 的关键特征

短视频 IP 的关键特征有 4 个，分别为自带流量、连接符号、持续输出以及情感共鸣。

（1）自带流量。IP 一定是自带传播属性和流量属性的内容产品。试想一下，如果《西游记》中的孙悟空来到了现实世界，是不是就会有大量的群众前去围观？如果他去了抖音，是不是就会有巨大的流量到抖音上去观看他的短视频或直播？如果他开了武术培训班，是不是就会有家长带着孩子去报名？这些就是 IP 自带流量的特征。

（2）连接符号。移动互联网构建了这个加速时代，信息过剩，注意力必定稀缺。从而造就 IP 化表达，使 IP 成为新的连接符号和话语体系。可以说，短视频 IP 以人的连接为中心，而非简单的短视频内容推送。

小贴士

人格化是 IP 连接的核心，IP 连接的关键在于能否人格化地呈现，包括内容人格化和表达人格化，这是超级 IP 无限拓展和产业表达的基础。

（3）持续输出。内容既是 IP 的起点，又是 IP 的内核，移动互联网时代，短视频产品的生命周期越来越短，所以持续的内容输出能力比拥有和开发爆款产品更为重要，而这正是 IP 与非 IP 的区别，它能够将短视频产品的创作过程工业化和流水线化，最终依靠持续的输出击败那些随意化表达的内容创作者。

（4）情感共鸣。IP 的内涵与灵魂，在于其蕴含的影响力。唯有对个体精神追求洞察能力强、擅于表达情绪的作品，才能“撩拨”人心。如果短视频 IP 只有画面呈现与音乐表达，没有与人在情绪、心理、精神层面的共鸣，最终只能变成一种“自娱自乐”。

课堂讨论

请读者针对“喜怒哀乐”4 种情感，举出 4 个对应的爆款短视频案例。

2. 短视频 IP 的核心要素

在谈到超级 IP 的时候，目前人们普遍认可作为一个有着较大开发价值的超级 IP，至少应包含 4 个核心要素，也可以称为“IP 引擎”。从 IP 的表层到核心，依次可以分为呈现形式、故事、普世元素和价值观，表 2-7 所示为短视频 IP 的四要素及具体内容。

表 2-7 短视频 IP 的四要素及具体内容

四要素	具体内容
呈现形式	呈现形式是 IP 的最表层，是用户感受最直观的层面，如中国风，国内作品并不缺乏诸如武侠、功夫、清宫、汉服等流行元素，又如朋克、星际、科幻等流行风格，但很多 IP 作品仅仅停留在了第一层
故事	故事引擎是推动 IP 的一种工具，所有的用户基本都喜欢听故事。但如果只关注故事的讲法，也相当具有局限性。故事是人物在特定情境下的经历和选择，本身会受文化环境、时代背景以及媒介性质所限，难以跨越时间和空间
普世元素	IP 的正能量元素指人物对世间美好事物的追求，如爱情、亲情、正义、尊严等。这一层开始进入注重核心的作业模式，即开发 IP 深层内核
价值观	IP 最核心的要素，风格选择、人物设定、故事发展等都是可被替换的因素，真正的 IP 必须有自己的价值观，而不只是故事层面的快感，也不是短平快消费后的短暂狂热

我们还可以更进一步地将短视频 IP 的核心要素具体化，以便在着手打造一个属于自己的短视频时有所参照。表 2-8 所示为一个成功的短视频 IP 应具备的七要素。

表 2-8　一个成功的短视频 IP 应具备的七要素

七要素	具体内容
形象	IP 的可辨识性。头像、头图、造型、封面等所有可以让用户在海量的移动信息流中第一眼就认出来的要素，都可以融入 IP 形象的包装中去。图 2-12 所示为短视频 IP 的视觉形象强化
人设	IP 的可连接性。主要是指短视频内容中主要人物的性格设定，也可以指短视频账号本身的性格设定，鲜明的人设能够对用户形成吸引力，并做到“粉丝”的转化和留存
风格	IP 的可复制性。画面的风格、语言的风格、内容的风格、叙事的风格等别具一格不但能提高可辨识度，还能够形成 IP 自有的“套路”，从而提高内容创作的效率
故事	IP 的可信赖性。故事能够拉近 IP 与“粉丝”之间的距离，在娓娓道来的过程中消除了隔阂、戒备与怀疑，维护了“粉丝”对 IP 的信赖感和忠诚度
价值	IP 的可共鸣性。故事是价值的载体和呈现形式，价值则是故事的升华，它既包含感性层面的情绪、情感，又包含理性层面的“三观”，价值的共鸣最终形成了短视频 IP“人以群分”的现象
体系	IP 的可持续性。内容的创意模式、生产流程、更新频率、运营策略、开发思路和变现方法等一系列的能力构成了短视频 IP 赖以持续发展的体系或系统
生态	IP 的可延展性。也就是可以在短视频 IP 的基础上，拓展或衍生丰富的内容形态、新媒体矩阵、子 IP 项目或各种各样的商业模式出来，从而将 IP 价值最大化

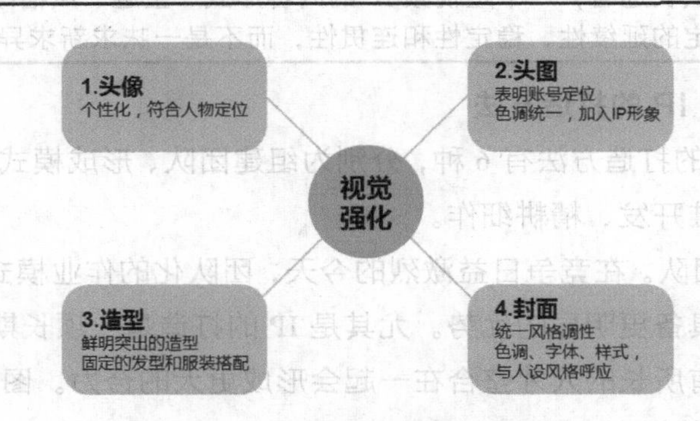

图 2-12　短视频 IP 的视觉形象强化

2.3.3　短视频 IP 的打造方法与深耕策略

短视频 IP 的打造方法与深耕策略

在掌握短视频 IP 的垂直定位、关键特征以及核心要素之后，可以进一步进行短视频 IP 的打造与深耕。

1. 短视频 IP 的开发原则

短视频 IP 的开发，要遵循如下几个基本原则。这些原则并不一定在同一个 IP 中都有所体现，但不同的短视频 IP 却都可以参考其中的某几项原则，对自身的 IP 开发进行更加细致的规划。表 2-9 所示为短视频 IP 的开发原则及具体内容。

表 2-9 短视频 IP 的开发原则及具体内容

开发原则	具体内容
“一家独大”原则	集中力量办大事、办一件事、办一个 IP。例如，对于那些擅长制作短视频的创作者，首先要把短视频 IP 做好，然后再考虑新媒体矩阵的事情
“一网打尽”原则	在一个平台或者一个领域已经比较成功地开发出了短视频 IP 后，就可以开始考虑布局短视频矩阵或者新媒体矩阵了，面向全网进行全媒体化的内容分发，最大限度地覆盖更多的目标用户群体
“一鱼多吃”原则	这一原则有两个层面：第一个层面是指同一 IP 内容可以通过短视频、微电影、网剧、小说、动漫、游戏甚至影视剧等多种形态进行开发；第二个层面则是指拍摄的短视频素材可以针对不同的平台特征，进行不同版本的加工制作
“一衣带水”原则	在现有 IP 已经成型的基础上，还可以适当开发新的垂直类 IP 或子 IP，与现有 IP 既有区隔又有关联，从而形成内容互补。这时候，现有 IP 的“粉丝”群体可以在一定程度上为新 IP 导流，从而使新开发的 IP 获得更高的成功概率
“一如既往”原则	从长远看，一个短视频 IP 的内容形式、主题、风格等要素要有一定的延续性、稳定性和连贯性，而不是一味求新求异

2. 短视频 IP 的打造方法

短视频 IP 的打造方法有 6 种，分别为组建团队、形成模式、强化互动、合理变现、多维开发、精耕细作。

（1）组建团队。在竞争日益激烈的今天，团队化的作业模式与个人“单打独斗”相比具备更明显的优势。尤其是 IP 的打造是一项长期而艰巨的任务，把那些各有所长的人才整合在一起会形成更大的合力。图 2-13 所示为短视频 IP 团队的标配。

（2）形成模式。这个模式是专属的，其他 IP 无法复制的，如独一无二的主人公，可重复操作的流水线，另辟蹊径的“蹭热点”等。短视频 IP 的打造不同于艺术创作，它更强调短视频作品的批量化、工业化生产。只有形成专属于自己的模式，才能源源不断地供应短视频产品，从而在市场竞争中和粉丝印象中沉淀成一个 IP。

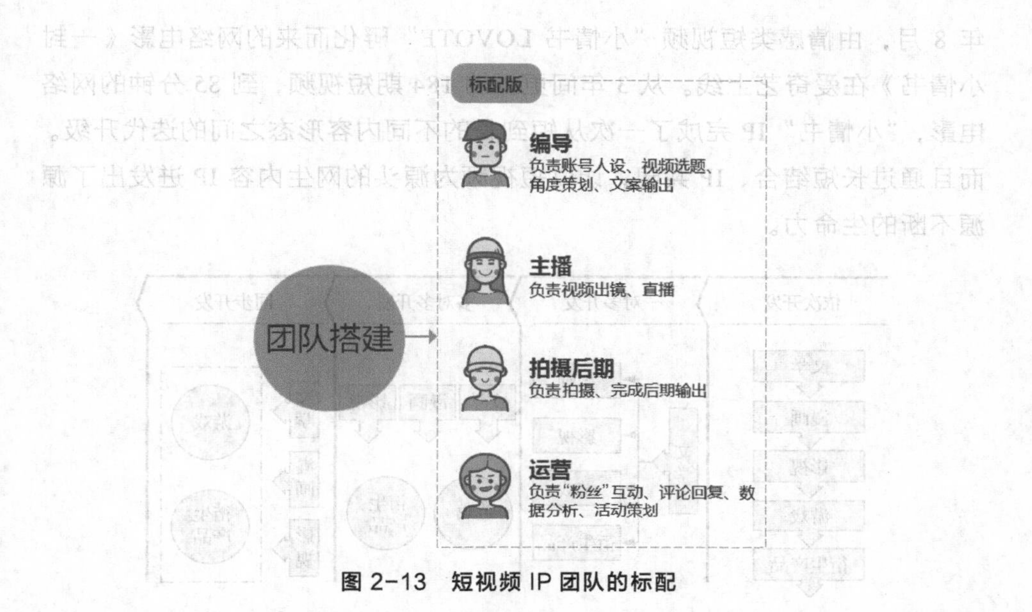

图 2-13　短视频 IP 团队的标配

（3）强化互动。一个成功的短视频 IP 必须要有大量的“群众基础”，这就意味仅通过各种渠道获得“粉丝”还不够，更重要的是必须与“粉丝”保持人格化、情感化的频繁互动。除了要在短视频平台的评论区与“粉丝”互动外，还应该在微信、微博、知乎、小程序乃至线下活动中强化与“粉丝”的互动，以确保 IP 人设时时在线，从而建立起与“粉丝”的情感连接和信任基础，必要的时候甚至还可以有“粉丝”绿色通道或者电话互动。

课堂讨论

请读者回顾自己关注的短视频博主是如何与“粉丝”进行互动的。

（4）合理变现。成功的短视频 IP 不能只叫好不叫座，它还必须能够实现合理的变现，而较为典型的变现方式就是短视频带货。因为短视频内容可以帮助用户逐渐积累和建立基于用户自己消费选择的知识体系，帮助用户更快地做出理性的消费判断，短视频这时候充当了用户消费决策的重要向导，谁能够完美地促成用户看完短视频的“最后一次点击”并将它转化成购买，谁就向 IP 变现迈出了成功的一步。

（5）多维开发。短视频 IP 的多维开发可以分为依次开发、一对多开发、多对多开发、同步开发等方式，图 2-14 所示为短视频的多维开发策略。2019

年 8 月，由情感类短视频“小情书 LOVOTE”孵化而来的网络电影《一封小情书》在爱奇艺上线。从 3 年间更新的 184 期短视频，到 85 分钟的网络电影，“小情书”IP 完成了一次从短到长的不同内容形态之间的迭代升级。而且通过长短结合、IP 共建，让以短视频为源头的网生内容 IP 迸发出了源源不断的生命力。

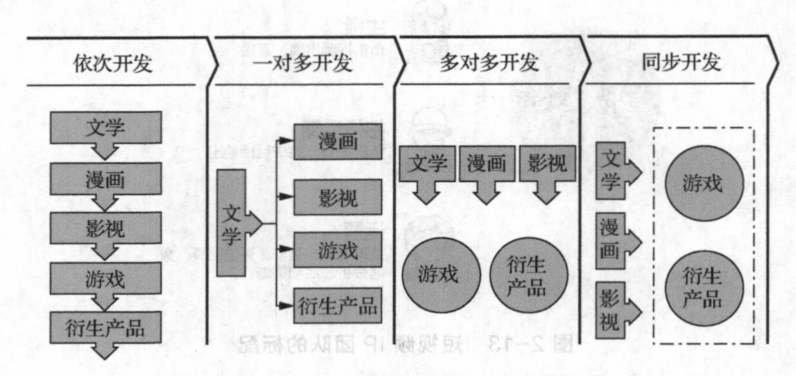

图 2-14　短视频的多维开发策略

（6）精耕细作。随着不同短视频 IP 在各自垂直领域不断深耕发展，短视频 IP 就会对整个细分领域生态中的各类大中小机构，以及产业链各个环节的痛点和难点越来越熟悉，短视频 IP 的业务也开始从初期单纯的内容创造和矩阵布局进一步升级为行业解决方案、跨界创新等工作。例如，教育类短视频 IP 可以整合专家、教育机构和学生需求，从而创造一种全新的在线教育模式。

本章结构图

- 短视频产品策划
  - 短视频产品调查研究
    - 短视频行业政策与市场竞争调研
    - 短视频市场细分与市场选择
    - 短视频目标用户调查与用户画像
  - 短视频内容策划
    - 短视频的市场定位
    - 爆款短视频的关键特征与核心要素
    - 短视频内容策划的原则与方法
  - 短视频IP策划与打造
    - 短视频IP的垂直定位
    - 短视频IP的关键特征与核心要素
    - 短视频IP的打造方法与深耕策略

习题

1. 什么是细分市场？什么是目标市场选择？什么是用户画像？
2. 市场定位对于短视频产品策划的重要性有哪些？
3. 如何做好短视频产品和短视频 IP 的市场定位工作？
4. 短视频内容策划的原则和方法有哪些？
5. 如何对短视频 IP 进行打造与深耕？

实训

为了更深刻地理解短视频的产品策划，下面通过具体的实训来进行练习。

【实训目标】

了解一个短视频 IP 的相关信息，通过学习具体的案例来为自己的短视频 IP 打基础。

【实训内容】

选择一个你喜欢的短视频 IP。

（1）详细分析它所选择的细分行业和目标用户。

（2）模仿其作品内容和风格，策划一条相似的短视频。

（3）深度研究它是如何完善自身的 IP 生态并实现多元化的商业变现的。

【实训要求】

（1）要求选择的短视频 IP“粉丝”数量在 100 万以上。

（2）针对查找到的信息制作一张表格，方便日后的学习和回顾。

第 3 章
短视频内容创意

【学习目标】

（1）了解短视频的不同形态和各种类型。

（2）了解短视频选题的主要类别，学会建立选题库，掌握提高短视频选题质量的方法。

（3）了解短视频故事的价值和意义，掌握短视频故事的构成要素，掌握故事创意的基本方法。

（4）学会制作短视频竖屏剧、纪录片、广告片等内容。

短视频的核心是内容，内容是吸引“粉丝”、沟通用户、商业变现、IP 开发等一切活动的基础。短视频内容的形态和类型多种多样，但短视频的内容选题和故事创意却是有方法可循的。本章将主要介绍短视频内容的不同形态、短视频内容选题的原则与方法、短视频故事创意的主要策略以及不同类型的短视频内容创作与开发的具体问题。

3.1　短视频内容形态

了解短视频的内容形态有助于从形态上掌握短视频的传播特点，短视频的内容形态包括横屏、竖屏两种形式以及常见的短视频内容类型。

3.1.1　两种短视频形式：横屏与竖屏

目前，短视频内容的主要呈现形式分为两大类型：横屏短视频和竖屏短视频，如图 3-1 所示。

图 3-1 横屏短视频与竖屏短视频

1. 横屏短视频

过去，无论是长视频还是短视频，其基本形式都是横屏，如电视机、电脑、液晶显示器等，比例基本上是图 3-2 所示的 4∶3 或 16∶9，当然，也有部分超级宽屏的比例为 2.39∶1 或 1.85∶1。

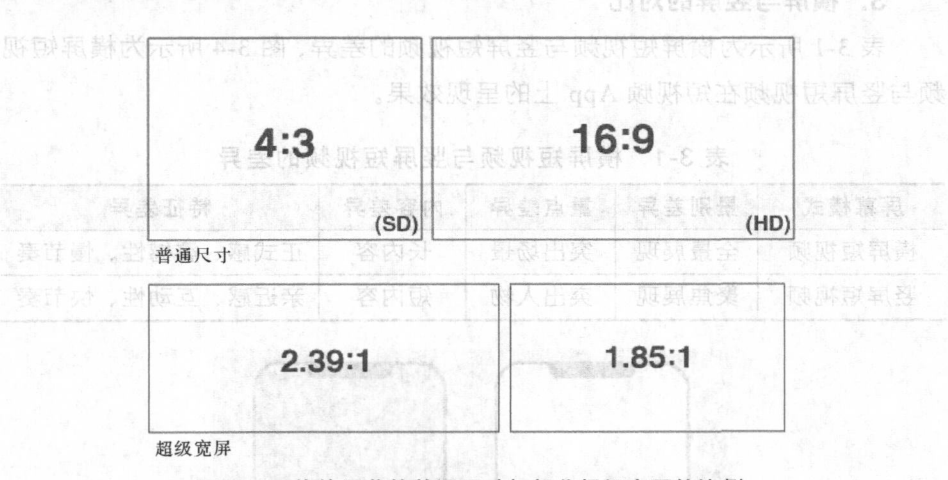

图 3-2 传统屏幕的普通尺寸与部分超级宽屏的比例

2. 竖屏短视频

竖屏短视频的比例与横屏短视频相反，为 3∶4 或 9∶16，近年来各类移动应用快速崛起，使竖屏短视频日益受到广大用户的喜爱。

MOVRMobile 报告显示：智能手机用户有 94%的时间将手机竖屏持握而非横版；英国调研机构 Unruly 调查显示：52%的手机用户习惯将屏幕方向锁定为竖向。图 3-3 所示为竖屏成为用户的主流选择。

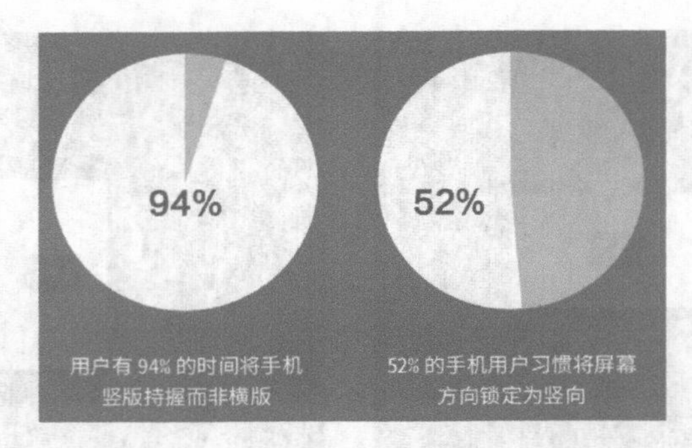

图 3-3　竖屏成为用户的主流选择

各类移动应用尤其是短视频 App 天生具有竖屏基因，长期的习惯，让用户更加喜欢竖屏的观看模式。采用竖屏时，如果用户没有在开始的几秒被吸引，手一划就可以跳到下一条视频，非常方便。但如果是横屏，开始时要旋转手机屏幕，退出划到下一条视频也需要旋转屏幕，会影响用户的观看体验。

3. 横屏与竖屏的对比

表 3-1 所示为横屏短视频与竖屏短视频的差异，图 3-4 所示为横屏短视频与竖屏短视频在短视频 App 上的呈现效果。

表 3-1　横屏短视频与竖屏短视频的差异

屏幕模式	景别差异	重点差异	内容差异	特征差异
横屏短视频	全景展现	突出场景	长内容	正式感、震撼性、慢节奏
竖屏短视频	聚焦展现	突出人物	短内容	亲近感、互动性、快节奏

图 3-4　横屏短视频与竖屏短视频在短视频 App 上的呈现效果

3.1.2　竖屏短视频的机会与挑战

尽管竖屏短视频的发展势头强劲，但机会与挑战总是并存的。

1. 竖屏短视频的挑战

作为一种新的短视频形态，竖屏短视频的发展会遇到一些挑战。

（1）用户习惯。竖屏仍有一些限制。对于看惯了横屏视频的人来说，刚刚开始接触竖屏呈现形式还是会有一些不习惯的。

课堂讨论

请读者回顾自己以往的使用习惯，思考自己更习惯横屏视频还是竖屏视频。

（2）生理因素。从人体的眼睛构造方面来说，平时生活中用户看到的世界都是以一个类似横屏的形式呈现在视网膜上面的。再加上后天的习惯，用户观看一条视频的时候，大部分视频比例都是4:3或者是16:9。

（3）技术限制。竖屏内容画幅受限，全景、远景减少，节奏感比较难把握，同框出现的人物也需精简。与此同时，高而窄的视觉框，意味着发布者不得不重新考虑讲述视频故事的美学策略。

2. 竖屏短视频的机会

面对这些问题，竖屏短视频未来可以从以下几个方面进行尝试。

（1）沉浸式体验。垂直视频非常适合营造沉浸感。短视频能够帮助人们捕捉生活体验，所以观众乐于从短视频中找寻前卫感以及亲密感，从而提供非常真实的观看体验。例如，纪录片为适应竖屏观看，采用垂直形式展现宇航员眼中的地球故事，窄小的形式让观众产生身临其境的体验感。

（2）全新的视角。人们习惯于注视“从一边滑到另一边”的事物，垂直视频带来了一个全新的视角，借助动态运动引导观众的视线，很容易让内容脱颖而出。

（3）大胆玩设计。以新奇有趣、引人注目的方式堆叠元素，或者通过叠加，为内容增加纹理和纵深感，竖屏观看能够在创建内容的同时，发散出无限可能性。

3.1.3 常见的短视频内容类型

短视频的内容类型可谓千姿百态、丰富多样，表 3-2 所示为主要的短视频内容类型，短视频用户日常观看的内容中有超过 80%属于这几类。

表 3-2 主要的短视频内容类型

类型	基本情况	举例
微纪录片型	内容形式多数以纪录片呈现，内容制作精良，成功的渠道运营优先开启了短视频变现的商业模式，被资本争相追逐	一条、二更
网红 IP 型	网红形象在互联网上具有较高的认知度，其内容制作贴近生活。庞大的“粉丝”基数和用户黏性背后潜藏着巨大的商业价值	papi 酱、回忆专用小马甲、艾克里里
草根恶搞型	大量草根借助短视频风口在新媒体上输出搞笑内容，这类短视频虽然存在一定争议性，但是在碎片化传播的今天也为网民提供了不少娱乐谈资	安哥搞笑微喜剧、搞笑辣条哥
情境短剧型	该类视频短剧多以搞笑创意为主，在互联网上有非常广泛的传播	套路砖家、陈翔六点半、报告老板
技能分享型	随着短视频热度不断提高，技能分享类短视频也在网络上有非常广泛的传播	MrYang 杨家成英语、南国佳人
街头采访型	街头采访也是目前短视频的热门表现形式之一，其制作流程简单，话题性强，深受都市年轻群体的喜爱	小七街访、成都最街访
创意剪辑型	利用剪辑技巧和创意，制作或精美震撼或搞笑吐槽的短视频，有的还加入解说、评论等元素，也是不少广告主利用新媒体短视频热潮植入新媒体原生广告的一种方式	若有缘、爱德华

3.1.4 案例分析

《陈翔六点半》是 2014 年开播的原创爆笑迷你剧，图 3-5 所示为《陈翔六点半》截图。这部剧的导演为男演员陈翔，毕业于云南大学影视专业。该团队属于云南爆笑江湖文化传播有限公司，团队中比较出名的演员有毛台、闰土、蘑菇头、妹大爷、吴妈、米线、球球、王炸、冷梦、猪小明等。

图 3-5 《陈翔六点半》截图

这部爆笑迷你剧融合了电视剧的拍摄方式，以夸张幽默的表现形式讲述了生活中无处不在的趣事，营造了一种轻松愉快的氛围。每集时长 1～7 分钟，由一到两个情节组成，可以让观众用最短的时间，通过最方便的移动互联网平台来观看这部迷你剧，完美符合短视频的特征。

2019 年,《陈翔六点半》的第三部网络电影《陈翔六点半之重楼别》上线，这部电影将非物质文化遗产“滇戏文化”与现代流行元素相结合。上线第二天，豆瓣电影评分 7.3，上线不到 10 天，票房突破千万元，如此亮眼的成绩足以说明“陈翔六点半”这个 IP 的成功。

通过分析《陈翔六点半》的爆红可以发现，陈翔是最早抓住短视频红利的创作者之一，《陈翔六点半》爆红正是因为赶上了短视频的风口。依靠优质的短视频内容，在没有抖音、快手等短视频平台的环境下，陈翔在互联网各大平台同步发表短视频，成功吸引了一批“粉丝”的关注，时至今日，头条、微博、爱奇艺等平台都有《陈翔六点半》的“粉丝”。

3.2　短视频内容选题

短视频内容选题

要想做好短视频就必须重视短视频的内容选题，一个好的选题能够吸引用户、引起共鸣、引发刷屏，最终成为一个现象级的短视频。

3.2.1　明确短视频选题的目的

短视频作为一种新兴的媒体类型，其内容选题最重要的两点分别是流量和质量。短视频的流量直接影响了短视频的商业价值。短视频的质量决定了短视频是否能够长久走下去。

图 3-6 所示为短视频流量和质量的关系，二者对短视频的选题来说同样重要。高质量、低流量的短视频不过是自娱自乐，低质量、高流量的短视频本质是哗众取宠，而低质量、低流量的短视频则没有存在的必要。

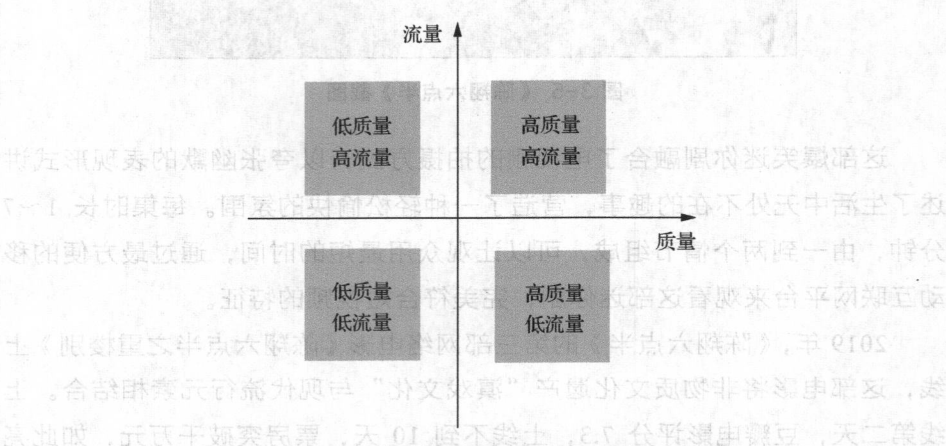

图 3-6　短视频流量和质量的关系

因此，要在选择短视频主题时明确流量和质量两个重要目的，既要选择高质量的短视频主题，也要选择能够吸引用户注意力的主题。

课堂讨论

请读者按照本章提到的 4 种短视频（高流量高质量、高流量低质量、低流量高质量、低流量低质量），列举一些对应的短视频账号。

3.2.2　熟悉短视频选题的主要类别

短视频选题的类别十分庞大且繁杂，表 3-3 所示为常见的短视频类型，可以通过以下几类短视频选题类别来进行垂直短视频运营，扩充短视频选题库。

表 3-3　常见的短视频类型

类型	介绍
生活技巧类	这类短视频的突出特点是“实用”，为用户提供以家务活动为主的、与日常生活有关的短视频
技能分享类	这类短视频与生活技巧类短视频有一定差别，这些短视频一般是某行业的专业人员对一些专业技能进行分享，包括摄影技能、摄像技能、后期技能等，对用户来说具有一定门槛
知识科普类	这类短视频是以通俗易懂的语言将深奥的概念解释给用户，如将“量子力学”“相对论”“姓氏的区别”“科举制度”等概念以短视频的形式呈现出来。这类短视频不仅有充足的选题选项，还可以就某一领域进行深耕
搞笑类	这类短视频的受众范围比较广，搞笑吐槽的内容能够让用户沉浸在轻松愉悦的环境中，从而能够激发大多数用户的兴趣
文艺类	这类短视频与搞笑吐槽类短视频有相似之处，但文艺类短视频的受众主要是文艺青年，短视频内容多以艺术、文化、“心灵鸡汤”为主
美食类	对于“舌尖上的民族”，美食是一个经久不衰的主题。美食类短视频在选题方面十分方便，几千年的美食文化注定了有大量可选择的美食类选题，能够在长时间内持续产出优质内容

3.2.3　建立短视频选题库

短视频的内容创作是一个持续的、长期的过程，建立短视频选题库有利于帮助创作者持续地输出短视频内容，形成稳定的内容输出模式。建立短视频选题库可以参考以下几个方面，包括实事热点的追踪、粉丝或其他用户建议、解决用户的实际问题以及日常的灵感积累。

1. 实事热点的追踪

一般热点都是当下大众比较关心或者感兴趣的话题，从热点选题，能够将热点的流量导流到短视频上。热点的追踪可以通过微博、微信公众号、抖音、头条号、百家号、知乎、豆瓣等新媒体平台获取。图 3-7 所示为部分新媒体平台图标。

2. “粉丝”或其他用户建议

互联网是一个开放的平台，不仅为“粉丝”和用户提供了发声的渠道，也为短视频选题提供了便捷的渠道。微博上有很多类似“北美吐槽君”“微博搞笑排行榜”等依靠“粉丝”投稿而运营的博主。

图 3-7　部分新媒体平台图标

图 3-8 所示为“微博搞笑排行榜”的微博首页，我们可以发现该博主已经拥有大量的“粉丝”基础。短视频选题也可以借鉴这种模式，利用群体智慧、用户的故事来扩充自己的选题库。

图 3-8　“微博搞笑排行榜”的微博首页

3. 解决用户的实际问题

要想吸引大量用户的长久关注，就需要切中用户痛点，帮助用户解决实际问题，简言之就是“实用”二字。每个行业、各色人群都会遇到各种各样的问题，找出用户最为关心的问题并提出解决措施，以此为主题建立短视频的选题库。

可以利用知乎、果壳、百度知道等问答平台，通过搜索大量问题，建立问题导向的短视频选题库。图 3-9 所示为国内的一些问答平台。

图 3-9 国内的一些问答平台

4. 日常的灵感积累

短视频需要进行持续的输出，因此短视频内容的创作者需要日常的积累，从身边的人、事、物等自己能够接收到的信息上获取灵感，进行短视频选题的积累和策划，这是一个需要持之以恒、日积月累的过程。

3.2.4 完善短视频选题的制度和流程

短视频要想长期、稳定发展，就需要建立完善的短视频选题制度和流程，在短视频内容方面需要限定选题范围，在制作过程中需要固定选题流程，在团队运作方面需要完善选题制度。

1. 限定选题范围

在做短视频选题之前需要对短视频账号未来发展方向进行定位，就选题类型进行限定，如果做美食类短视频，就专注收集美食类选题和素材。

例如，李子柒的主打内容为中国风和美食，她所有的短视频都是相似的风格。图 3-10 所示为李子柒 bilibili 账号主页截图。反例为一些微信公众号，一切向热点看齐，盲目追逐热点，最后导致内容不伦不类。

2. 固定选题流程

固定的选题流程有利于效率的提高。在短视频账号开通之初，就需要对短视频的选题进行规划。确定主要是依靠“粉丝”和其他用户投稿，还是主要依靠灵感创作，或者是其他的选题方法，都需要提前规划，选定一条道路之后，再精雕细琢。例如，决定依靠“粉丝”和用户投稿的话，就需要制定稿件的选拔标准，有节奏、有规律地进行短视频选题。

图 3-10　李子柒 bilibili 账号主页截图

3. 完善选题制度

如果有一个团队，那么制度的制定是必不可少的。一部分人进行前期的素材收集，一部分人对收集的素材进行整理，还有一部分人从中获取灵感、创新选题。这是一个团队合作的过程，工作量的分配、收入的分发等制度都需要进一步完善，只有建立一个公平合理的制度，才能打造一个通力合作的团队。

3.2.5　提高短视频选题质量的具体方法

提高短视频的选题质量可以从标题、内容、受众几个方面入手，通过优化短视频标题、提高内容质量、扩大受众范围，全方位地提高短视频的质量。

1. 优化短视频标题

标题的选择对于吸引用户、扩大影响都十分重要。如果无法依靠自己拟定一个与内容相符的优质标题，可以去浏览其他自媒体平台的内容，为自己提供一些参考和灵感。图 3-11 所示为国内的一些自媒体平台。

图 3-11　国内的一些自媒体平台

2. 提高内容质量

一个能够吸引用户注意力的短视频必然有能够引起用户共鸣的内容。在开始制作短视频之前要先对自己发问：我喜欢这个选题吗？这个选题能够对我产生什么帮助？过了自己这关之后，还需要对周围的亲朋好友问同样的问题，根据他们提出的意见和建议不断优化短视频内容。

3. 扩大受众范围

拍短视频不是为了自娱自乐，要想吸引用户的关注，就需要注意选题及相应的内容是否大众，是否能够让大多数人看懂。如果选题比较深奥，就需要用浅显易懂的语言表达出来，让大部分用户能够轻松了解相关内容。

3.2.6 短视频选题六大忌

短视频账号要想长期且健康发展，就需要避免一些容易对短视频账号产生不利影响的行为，包括盲目蹭热点、过度娱乐化、推销劣质产品、造谣传谣、色情低俗、政治敏感等。表 3-4 所示为短视频选题六大忌及内容。

表 3-4　短视频选题六大忌及内容

选题六大忌	内容
盲目蹭热点	做新媒体需要蹭热点导流，做短视频也同样离不开热点，但是盲目蹭热点不仅可能会引起用户的反感，甚至还可能会因为违规被下架

（续表）

选题六大忌	内容
过度娱乐化	娱乐化的内容仅在一段时间内对用户有吸引力，当发展到一定程度后便会出现瓶颈期。而纯粹娱乐化的短视频账号转型较为困难，因而不利于长久的发展
推销劣质产品	短视频带货能力十分显著，但是对于短视频博主来说，不是什么货都能带的。如果推荐了劣质甚至有害的产品，对账号的口碑会造成很大的打击
造谣传谣	造谣传谣是一个很严重的问题，一些谣言可能有较高的话题度，能够在短时间内吸引大量用户，但这种违法违规的行为无异于杀鸡取卵
色情低俗	短视频平台对于色情低俗的内容都有严格的限制，很多露骨、低俗的内容可能在审核期间就会被驳回；另外，通过色情、低俗的内容吸引流量不是长久之计，甚至会损害短视频账号的口碑
政治敏感	涉及政治、时事类的内容一直都是敏感话题，而且对于普通的短视频运营者来说，自己对一些实事政治的见解可能是片面的，因而做出的短视频质量也参差不齐

3.2.7 案例分析

papi 酱是短视频类网络红人，制作的短视频以幽默搞笑为主，可以说 papi 酱是最早期、最著名的短视频博主之一。她的走红既得益于短视频时代大背景的红利，又依靠自己专业的出身和过硬的短视频质量，图 3-12 所示为 papi 酱微博主页截图。

图 3-12 papi 酱微博主页截图

2015 年 8 月 27 日，短视频《男性生存法则第一弹》，在微博上获得 2 万多转发、3 万多点赞之后，papi 酱开始走红。紧接着，papi 酱开通了微信公众号、头条号、爱奇艺、腾讯视频、优酷、bilibili 等多个平台渠道，通过多平台进行内容分发，话题度直线上升。图 3-13 所示为 papi 酱原创短视频《男性生存法则第一弹》截图。

图 3-13　papi 酱原创短视频《男性生存法则第一弹》截图

papi 酱的走红与她高质量的内容有不可分割的关系，毕业于中央戏剧学院的 papi 酱有着专业的知识储备，幽默的台词、搞怪的表演、专业的台词功底以及后期的剪辑为整个短视频加了不少分。此外，papi 酱的很多选题既有现实意义、又有话题度，如对于“键盘侠”的吐槽，对“双十一”的吐槽，这些主题能够马上吸引用户的眼球和注意力，再借助短视频风口，最终成功将自己打造成为一个优质的网红 IP 类型的短视频博主。

3.3　短视频故事创意

短视频故事创意

一个独特、新颖、有创意的短视频故事能够第一时间吸引用户的注意力，要想打造一个优质且有创意的短视频故事，就需要回归文本，精雕细琢，结合传统的写作、热点内容与互联网时代新兴的表达方式，创造出雅俗共赏的创意故事。

3.3.1 短视频故事的构成要素

时间、地点、人物、起因、经过和结果，是故事构成的 6 个不可或缺的要素。故事是以人物为中心的事件演变过程，通过叙述的方式讲一个带有寓意的事件，或是陈述一件往事。

短视频故事作为故事的一种表现形式，其构成要素也是时间、地点、人物、起因、经过和结果，以人物为中心、按照因果逻辑组织一系列事件和情节。图 3-14 所示是短视频故事的构成要素。

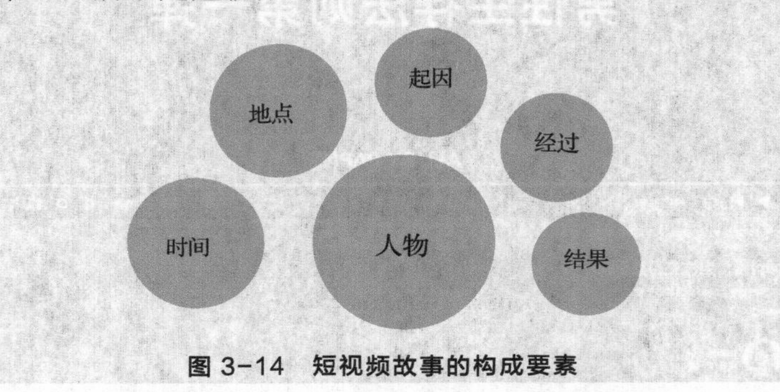

图 3-14　短视频故事的构成要素

1. 时间

一般来说，短视频故事中的时间信息不需要太过明确，只需要让观众有一个大致概念。但是创作者在故事创作过程中需要清楚故事发生的时间线，以便在系列短视频创作中明确时间逻辑。

2. 地点

地点对于烘托短视频故事的氛围至关重要，地点的选择要与故事的内容、人物的形象和情感相匹配，从而起到推动故事情节发展的作用。

3. 人物

人物是短视频故事 6 个构成要素的核心，故事情节的发展是围绕人物展开的，因此需要费很大的工夫刻画人物的形象、心理、情感等。

4. 起因

要想讲清楚一个故事，就要讲清楚故事的前因后果。在短视频故事创作中，故事情节的发展、人物的行为都需要有一定理由支撑，创作者在创作过程中可以多问自己几个“为什么”，不断加强短视频故事的逻辑性。

5. 经过

经过是短视频故事的主体，由于短视频的时间限制，创作者要在很短的时间内讲清楚故事的发展经过，所以需要精简短视频故事，除去一些可有可无的故事情节，只留下最精华的部分。

6. 结果

一个好的故事，其结果要给观众留下非常深刻的印象。创作者在创作过程中需要注意结果与故事情节的逻辑关系，短视频故事的结果可以是由前期剧情自然发展形成的，也可以是一个很大的反转，但必须要有一定前期故事情节的铺垫。

3.3.2 标签鲜明的人物

对于文学作品来说，任何一个故事都要有一个或一群性格鲜明的人物形象，这是文学作品的中心任务。对于短视频来说也不例外，标签鲜明的人物是整个故事的关键。短视频的创作和运营是一个长期的过程，每一条短视频的主角都需要有鲜明的标签来突显其个性，并将其贯穿于全部的短视频创作之中，打造一个类似于连续剧的短视频剧集。

人物的标签可以通过性格、外形、语言等方面突显。

首先，角色的性格可以温柔、活泼、内向、孤僻、热心，只要能够让用户有印象，并且产生好感，就是好的人物形象。

其次，从外形上也可以突显人物特点，如从服装方面，固定的颜色穿搭、眼镜的搭配、帽子的装饰，只要能够强化用户的记忆点都有利于角色形象的刻画。

此外，还可以从语言上丰富角色形象，如固定的口头禅、口音等。

3.3.3 故事创意中的5B原则

小贴士

公关专家游昌乔先生总结的公关传播 5B 原则包括结合点（Binding Point）、亮点（Bright Point）、沸点（Boiling Point）、保护点（Bodyguard）、支撑点（Backstop）。

结合公关传播 5B 原则，笔者提出故事创意的 5B 原则，即结合点（Binding Point）、亮点（Bright Point）、沸点（Boiling Point）、保护点（Bodyguard）、支撑点（Backstop）。

1. 结合点（Binding Point）

结合点，即单个短视频故事创意与短视频账号的整体定位的关联之处。短视频账号的长期发展需要制定长远的策略，打造一个有鲜明特色的短视频账号。因此，短视频内容的故事创意需要符合短视频账号定位和特色，如李佳琦作为一个主打美妆类的带货主播，短视频内容都离不开美妆这个大类，也只有这样才能牢牢抓住核心用户。图 3-15 所示为李佳琦抖音主页截图。

图 3-15 李佳琦抖音主页截图

2. 亮点（Bright Point）

亮点，即短视频的故事创意能够令用户有眼前一亮的感觉。一个好的短视频故事必须要有能引起用户关注的亮点，换句话说，就是区别于其他故事的特点。在抢夺用户注意力的时代，你的短视频凭什么能够让用户驻足，是一个十分关键的问题。在没有头绪和灵感之前，可以大量观看“粉丝”数量多的短视频账户，学习借鉴其故事创作的亮点。

3. 沸点（Boiling Point）

沸点，即短视频故事能够引爆用户增长的高潮之处。水即使烧到 99℃，如果没有加最后一把火让水烧到 100℃，那也不是沸水。短视频故事也同样如此，一个好的故事需要保证足够的传播量，才能达到预期的传播效果，因此在创作时就要把后续的传播和推广纳入思考范围。

4. 保护点（Bodyguard）

保护点，即短视频故事创作的安全范围。凡事预则立，不预则废，在创作时要把握一定的度，不为吸引眼球而创作猎奇、低俗的作品，使短视频传播始终按照预定的方向进行。

5. 支撑点（Backstop）

支撑点，即短视频故事创意的核心主题。短视频最突出的特点是"短"，因此在故事创意的环节也需要将这个特点考虑进去。如何在短短十几秒的时间内将一个具有核心主题的故事展现给用户是一个需要不断修改和完善的过程。

3.3.4 故事的冲突和悬念

故事情节一般结构为序幕—开端—发展—高潮—结局（尾声），是一个层层递进的过程，在这个过程中需要有矛盾、有冲突、有悬念，从而推动故事情节的发展，才能够吸引观众观看下去。

课堂讨论

请读者根据以上结构编写一个短视频故事。

故事要做到引人入胜，就需要设置冲突和悬念。一个好的短视频故事需要通过冲突和悬念调动用户的情绪，并在情节演变过程中逐渐强化这种情绪，在故事结束时使其得到宣泄和释放。对于有故事情节的短视频来说，用短短十几秒的时间吸引用户眼球是一个比较困难的事，而悬念和冲突能够很好地吸引用户的注意力。

图 3-16 所示为"笑匠俗哥"的 bilibili 主页截图，这个短视频博主最初在快手上传视频，在 QQ、知乎等平台都有广告植入，剧情以恐怖灵异为主，以搞笑和反转收尾，加上应景的配乐，将戏剧性冲突和反转突显得淋漓尽致。

图 3-16 “笑匠俗哥”的 bilibili 主页截图

3.3.5 意料之外与情理之中

“既在意料之外，又在情理之中”的结尾又被称为“欧・亨利式结尾”（O.Henry Ending），是欧・亨利作品中常见的结尾方式，通常是指短篇小说大师们在文章情节结尾时让人物的心理情境、命运陡然逆转，出现意想不到的结果。

在短视频故事中运用这种手法，能够给人眼前一亮的惊喜感。尽管故事的发展令人意外，但这种结果又能够在短视频的剧情中找到线索支撑，在令人感到出乎意料的同时又觉得合情合理，可以使短视频在观众心中留下意犹未尽的深刻印象。

小贴士

为了在短视频中模仿“既在意料之外，又在情理之中”这种创作手法，可以通过阅读欧・亨利的小说来获得灵感。

图 3-17 所示为《麦琪的礼物》封面，此外还有《警察与赞美诗》《最后一片叶子》《二十年后》等作品。通过学习、总结这些经典作品，从中获得灵感，模仿剧情的发展和转折，为短视频故事创作提供素材。

图 3-17 《麦琪的礼物》封面

3.3.6 细节丰富的故事更有吸引力

细节丰富对短视频的故事情节有着画龙点睛的作用。世界著名的短篇小说巨匠莫泊桑是福楼拜的门生，福楼拜指导莫泊桑写作时提到，要想在写人、记事、状物时能形象且生动地描述出来，需要勤奋训练。他建议莫泊桑观察从家门前经过的马车和行人，站在门口仔细观察，把每天看到的情况都详细地记录下来，并且需要长期坚持。

课堂讨论

从现在开始，请读者花费一天的时间观察一下自己周围的人（如家人、朋友、爱人）在生活中的细节。

短视频故事的创作也可以学习和借鉴传统文学，从日常生活中挖掘细节，观察人们在晴天和雨天时的行为举动有什么不同之处，在晴天和雨天时的表情和神态又有什么不同之处，挖掘别人没有发现的细微之处，从中获得灵感，将其作为短视频故事的素材。

3.3.7 故事创意素材的几大来源

短视频的故事创意素材主要自来 4 个方面，分别为图片、梦境、书籍以及新闻。

1. 图片

图片能够激发创作者的创作灵感，不管是现实生活中的风景，还是影视剧中的画面，都可能让我们的脑海中有一闪而过的灵感或是情绪的碎片，将这些灵感和碎片收集起来备用。

图 3-18 所示为宏村夜景的摄影图片，从中可以获取短视频故事创作灵感，关于隐约青山的故事，关于青瓦白墙的故事，关于门前灯笼的故事。

图 3-18　宏村夜景的摄影图片

2. 梦境

人的梦境是充满想象力、天马行空的，梦境中的故事往往会打破常规的逻辑，但正因为梦境这种荒诞且玄妙的情节发展，它也是一个绝妙的短视频故事创意素材的来源。

课堂讨论

请读者回顾自己以往的梦境，将梦中的故事改编为一个可以拍摄的短视频故事。

3. 书籍

书籍中的故事都是别人已经写好的，具有完善的情节，这些故事情节又是通过一个个小故事、小节点推动的。将原本的小故事打散，抽离成为更加抽象的故事，作为短视频故事创意素材重新编辑后，就成为一个全新的短视频故事。

4. 新闻

很多书籍、电视剧、电影都是新闻事件的二次改编，通过对新闻事件进行艺术加工和改编，可以创作出新的短视频故事情节。

图 3-19 所示为法制栏目《今日说法》，从这档节目中可以挖掘出很多短视频的故事素材，经过改编后可以创作出兼具现实意义和教育价值的短视频故事。

图 3-19　法制栏目《今日说法》

3.3.8　原创短视频故事创意的基本方法

原创短视频故事创意的基本方法主要有 4 点，分别为冲突、悬念、首尾呼应、人物形象。图 3-20 所示为原创短视频故事创意的基本方法。

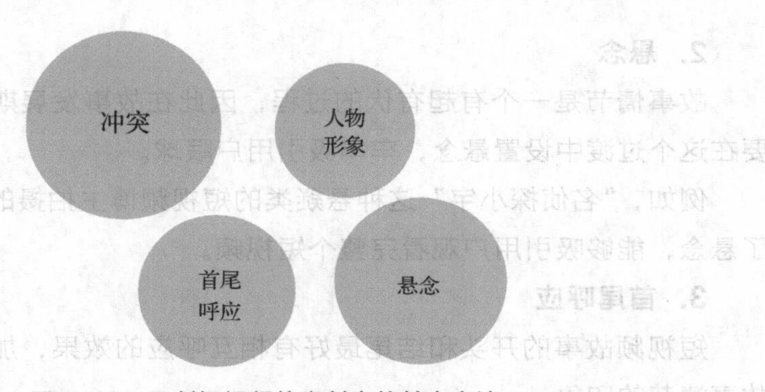

图 3-20　原创短视频故事创意的基本方法

1. 冲突

短视频时间较短，可以在故事开头就将冲突情节展示给用户，在短时间内吸引用户眼球。

抖音博主“江湖哇江湖”发布的短视频《反正也没啥大不了》开头就突显了职场中两位员工的矛盾，调动了观众的情绪。图 3-21 所示为短视频《反正也没啥大不了》的截图。

图 3-21 短视频《反正也没啥大不了》的截图

2. 悬念

故事情节是一个有起有伏的过程，因此在故事发展期间需要有过渡，要在这个过渡中设置悬念，牢牢吸引用户眼球。

例如，“名侦探小宇”这种悬疑类的短视频博主拍摄的很多故事都充满了悬念，能够吸引用户观看完整个短视频。

3. 首尾呼应

短视频故事的开头和结尾最好有相互呼应的效果，加深用户对短视频故事情节的印象。

抖音博主“许二浪”的短视频《花式扑克》开头和结尾同样展现了主

角玩耍花式扑克的画面，既强调了这条短视频的主题，同时也加深了用户的印象，图 3-22 所示为短视频《花式扑克》的截图。

图 3-22　短视频《花式扑克》的截图

4. 人物形象

故事的人物要足够有个性，以便在众多故事类短视频中脱颖而出。这个人物的个性可以通过外形来展示，如发型、发色等，也可以通过性格来展示，如火爆、冷静、温柔等。

3.3.9　案例分析

“名侦探小宇”是一个关注女性安全的短视频账号，图 3-23 所示是“名侦探小宇”的第一条短视频截图。在短视频中，小宇和闺蜜回到家后，通过门垫位置变化、卫生间门紧闭等细节判断屋内有小偷并迅速脱离危险，视频发布当天获得 75 万的点赞，吸引了近 15 万“粉丝”，“名侦探小宇”迅速走红。

2019 年 2 月 2 日，“名侦探小宇”发布了第二条短视频，获得了 200 多万的赞，增长了 200 万“粉丝”，转化率高达 1:1。发布到第六条视频时，“粉丝”疯涨到了 800 万。截至 2020 年 9 月，“名侦探小宇”共发布了 122 条作品，“粉丝”量已经达到 1488.3 万。

图 3-23 “名侦探小宇”的第一条短视频截图

图 3-24 所示为“名侦探小宇”的抖音主页截图，这个短视频账号的走红与短视频内容定位有着密切关系。在短视频中，主角小宇的定位是一个冷静、机敏的女性形象，同时通过黑色外套、宽边眼镜等服装配饰来突出人物特性，让用户对这位主角有一个深刻的印象。此外，“名侦探小宇”发布的短视频大多结合类似的真实案例展开故事情节的叙述，通过主角小宇的快速反应和冷静有条理的回顾分析，向用户发出劝告和警示，为用户提供实际的帮助。

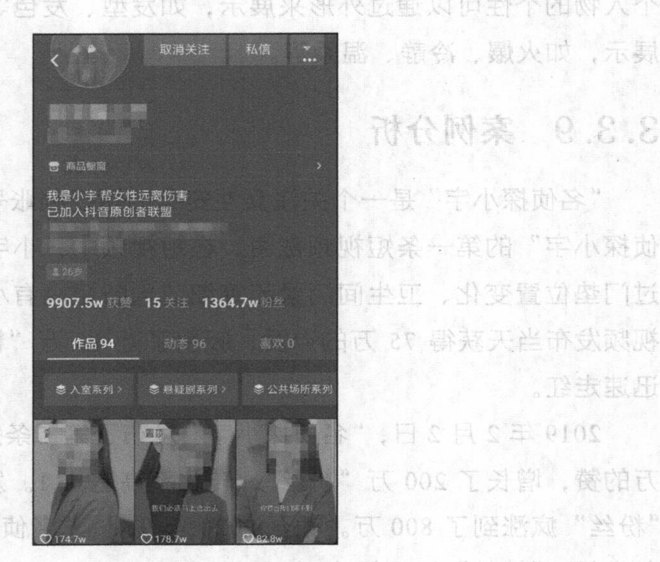

图 3-24 “名侦探小宇”的抖音主页截图

3.4 短视频系列内容的创意开发

对短视频内容进行细分，可以将其分为竖屏剧、短视频综艺、短视频纪录片、微剧、Vlog、短视频广告等。针对不同类型的短视频内容，创作者在进行创意开发时也需要进行差异化的内容创新。

3.4.1 竖屏剧内容的创意开发

竖屏剧就是不需要旋转手机，可以直接全屏观看的视频。智能手机作为一种移动媒体，由于其竖直使用的特性，使竖屏短视频得到广泛应用，越来越多的竖屏剧开始出现。

竖屏剧面向的用户与短视频用户基本重叠，因此竖屏剧创作的内容需要短小精悍、吸引眼球且接地气，与用户利用碎片化的时间获取信息的习惯相适应。

由辣目洋子、刘背实主演的《生活对我下手了》是一部竖屏短剧。这部短剧所讲述的是普通女孩洋子的一系列有关兄妹、朋友、情侣之间的故事。这部剧走的是精品路线，叙事风格幽默且接地气，得到了豆瓣 6.9 的好评，同时也验证了竖屏剧的可行性，使得竖屏短剧成了一个全新的风口。图 3-25 所示为竖屏短剧《生活对我下手了》的截图。

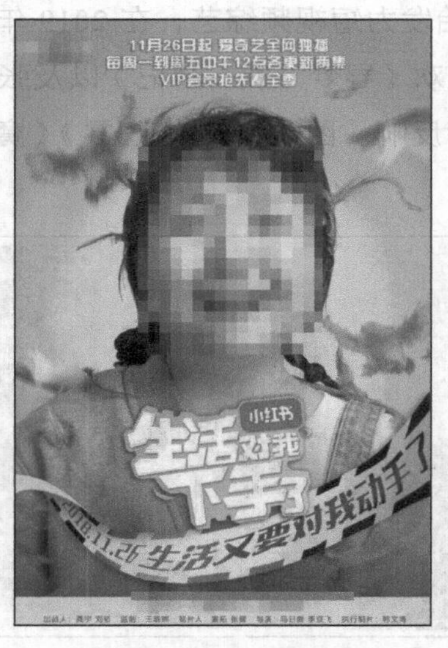

图 3-25　竖屏短剧《生活对我下手了》的截图

3.4.2 短视频综艺内容的创意开发

短视频综艺是对传统综艺的创新，它将传统的综艺节目精简成为短视频，以吸引用户利用碎片化时间进行观看。短视频综艺的内容创作可以借鉴传统综艺节目，但同时需要进行移动化、碎片化的改造。图 3-26 所示是短视频综艺内容创意开发的关键要素。

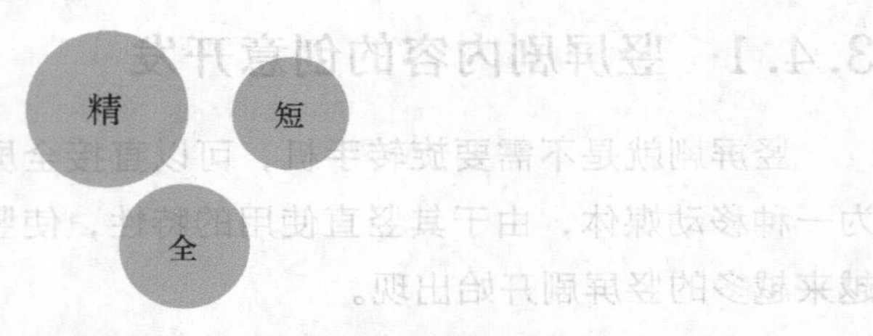

图 3-26 短视频综艺内容创意开发的关键要素

（1）短。短视频综艺的内容创意开发最主要的一点是“短”，可以将传统综艺内容打散成几分钟的短视频综艺。

（2）精。短视频不仅需要“短”，还需要“精”，在短短几分钟内，需要将大量的信息传递给用户，将最为精彩和引人注意的片段呈现出来。

（3）全。综艺节目是有统一主题、成系列的节目，因此单一的、没有主题的短视频构不成短视频综艺。可以借鉴现有的综艺节目，如语言类、选秀类、舞蹈类等不同类型，创作有主题的系列短视频综艺节目。

2019 年，抖音开始发力短视频综艺，在 2019 年 12 月连续上线了罗云熙《魔熙先生+》、赵奕欢《寻梦“欢”游记》以及张艺兴《归零》3 档明星微综艺，都获得了不错反响。图 3-27 是《归零》《魔熙先生+》《寻梦“欢”游记》的海报截图。

图 3-27 《归零》《魔熙先生+》《寻梦“欢”游记》的海报截图

3.4.3　短视频纪录片的创意开发

短视频纪录片是纪录片与短视频的结合，由于短视频在时间上有限制，需要对内容进行压缩，突出精华部分。因此，创作者在选题时就需要选择能够吸引用户眼球的纪录片类型，如美食、人文地理、历史等。而政论、实时报道等类型的纪录片在短时间内难以表达清楚观点和内容，因此并不适合做成短视频纪录片。

2019 年 4 月 22 日，纪录片《早餐中国》在腾讯视频上线。图 3-28 所示为《早餐中国》海报，这部纪录片与其他美食纪录片不同，单集只有 5 分钟，同时还剪辑了 1 分钟的纯享版，便于在社交平台和短视频平台上传播。截至 2020 年 11 月 6 日，《早餐中国》第一季的专辑播放量已经达到了 4.1 亿，同时也获得了很好的口碑。

图 3-28 《早餐中国》海报

3.4.4　微剧的创意开发

微剧指的是每集时长为 5～15 分钟、情节相对简单、适合在移动端利用碎片化时间观看的剧集。由于微剧的时长限制，因此必须在短时间内吸引用户眼球并且将故事讲清楚，同时还需要突显角色形象、描述剧情冲突、埋下伏笔、在结尾处设置悬念，吸引用户观看下一条短视频。

在短视频出现之前，已经有很多每集只有短短几分钟的动画，如由漫画改编的《十万个冷笑话》，很多集数仅仅只有 5 分钟左右的时长。图 3-29 所示为《十万个冷笑话》的 bilibili 主页截图。

图 3-29 《十万个冷笑话》的 bilibili 主页截图

通过学习其他每集时间较短的电视剧或者动画片，创作者能够为自己的创作提供灵感。虽然《十万个冷笑话》等动画的时间短，有制作经费不足的因素，但在剧情设置上也有值得我们学习的地方。

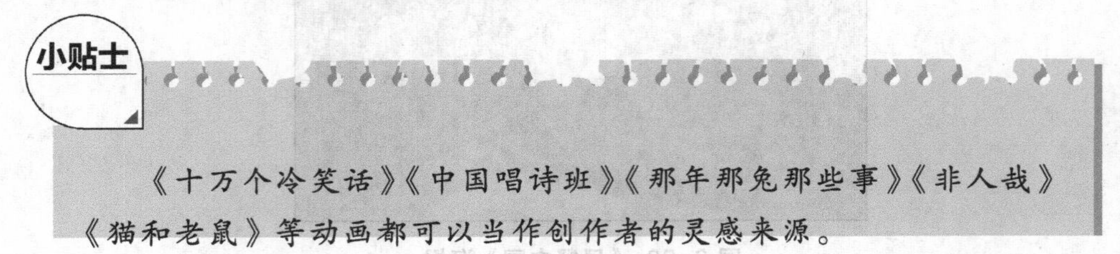

小贴士

《十万个冷笑话》《中国唱诗班》《那年那兔那些事》《非人哉》《猫和老鼠》等动画都可以当作创作者的灵感来源。

3.4.5 Vlog 的创意开发

Vlog 是博客的一种，即视频博客、视频网络日志，强调时效性，博主以影像或相片的形式，写个人日志，上传到网络平台与网友分享。YouTube 平台对 Vlog 的定义是创作者通过拍摄视频记录日常生活，这类创作者被统称为 Vlogger。由 Vlog 的含义可以总结出 Vlog 创意开发的几个要点，图 3-30 所示为 Vlog 创意开发要点。

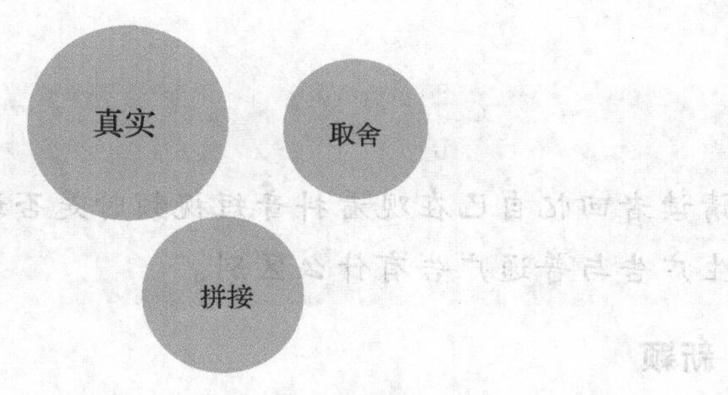

图 3-30　Vlog 创意开发要点

1. 真实

Vlog 是创作者通过拍摄视频来记录日常生活的一种方式，用户想要看到的也是博主真实的生活记录。因此，在创作时，并不需要将重心放在戏剧冲突或者悬念的设置上，只需要将真实的日常生活记录下来即可。

2. 取舍

一天 24 小时是很长的，不可能都在 Vlog 中展示出来，因此需要对一整天的生活进行取舍，放弃枯燥且没有观看价值的片段，留下有意思、有看点的片段。

3. 拼接

将碎片化的时间联结成为一个完整的情节是十分重要的。过于碎片化的片段会让观众产生迷茫感，因此，需要找到各个片段之间的联结点，流畅地将片段的故事拼接成一个整体。

3.4.6 短视频广告的创意开发

短视频广告指以时间较短的视频承载的广告，大多数短视频广告不会像传统广告那样生硬、令人感到厌烦，它是一种内容与广告的结合。因此，在创作短视频广告时需要重视广告的质量，将广告内容巧妙地融入短视频之中。短视频广告有如下几个特点。

1. 原生

原生广告指的是在视觉形式上与广告投放界面相契合的广告，可以说，原生广告是一种特殊的内容。一则好的短视频广告，要让用户感觉不到这是一则广告，要潜移默化地影响用户对于产品的选择。

课堂讨论

请读者回忆自己在观看抖音短视频时是否遇到过原生广告，这些原生广告与普通广告有什么区别。

2. 新颖

短视频需要有新颖独特之处才能吸引用户，短视频广告也不例外。创作者可以在音乐、画面、剧情中任选一个或几个方面，与其他短视频进行区分，让用户在庞大的短视频信息流中注意到自己。

3. 实用

最优秀、最动人的广告其实还是产品本身的功效及实用性。因此，短视频广告需要向用户展示出产品的用处，告诉用户这个产品是真正有帮助的。例如，李佳琦这种亲自试用之后向用户推荐产品的方法，能够增强用户的信任感，从而促使用户购买短视频广告的产品。

3.4.7 案例分析

由爱奇艺打造的《生活对我下手了》是竖屏短剧，每集 3 分钟左右，一集一个主题故事，正好适合用户利用碎片化时间娱乐的习惯。这部剧叙事风格幽默且接地气，从女性角度讲述生活的点滴，采用个性的喜剧表现手法反映充满“挑战”的现实，得到了豆瓣 6.9 分的好评，同时也验证了竖屏剧的可行性。图 3-31 所示为《生活对我下手了》豆瓣主页截图。

图 3-31 《生活对我下手了》豆瓣主页截图

这部剧的成功之处不仅在于优质的内容，还在于其充分发挥了短视频的优势。由于每集都是一个主题故事，因此没有剧情衔接的限制，观众可以利用碎片化时间进行观看。这点与当前短视频平台的故事类短视频类似，通过固定的几个演员演绎一个特定空间中的多个短视频小故事，既能够向观众展示不同的短视频故事，也能够加深观众对这个IP的印象。

本章结构图

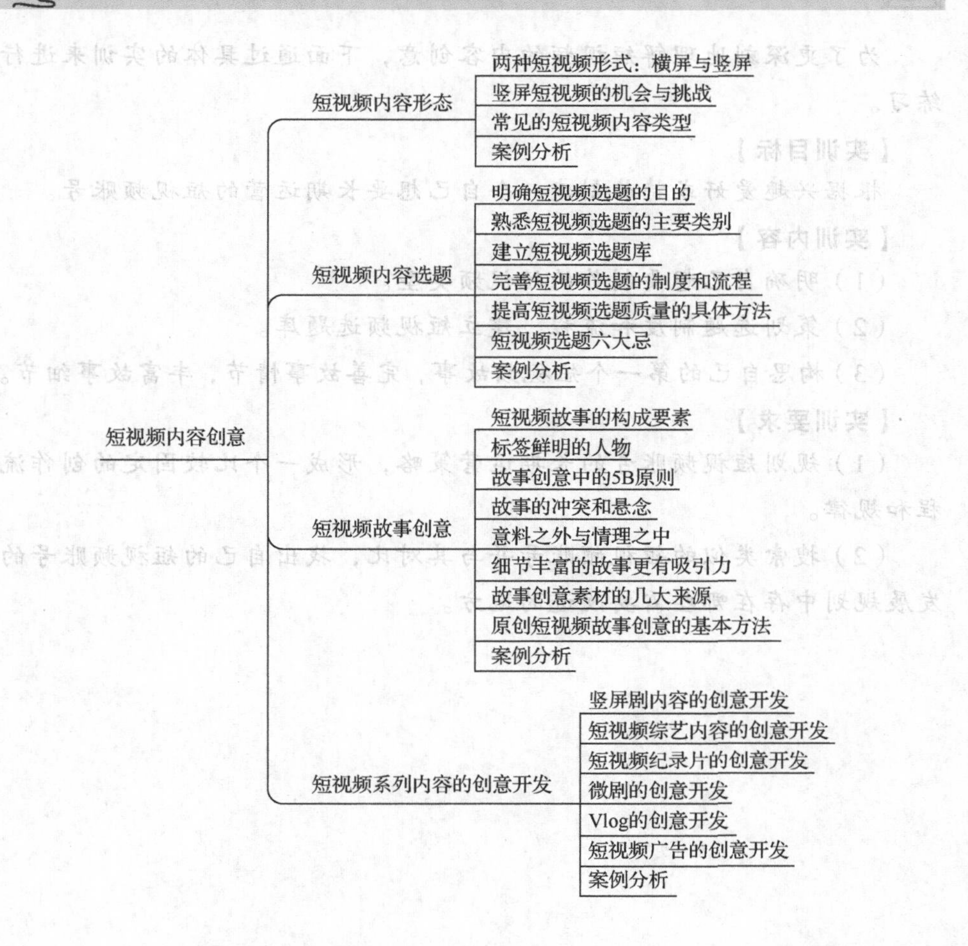

习题

1. 短视频有几种内容形态？常见的短视频内容类型有哪些？

2. 短视频选题的主要类别有哪些？

3. 短视频选题的六大忌是什么？

4. 短视频故事的构成要素有哪些？故事创意中的5B原则是什么？

5. 故事创意素材的几大来源是什么？

实训

为了更深刻地理解短视频的内容创意，下面通过具体的实训来进行练习。

【实训目标】

根据兴趣爱好或特长创建一个自己想要长期运营的短视频账号。

【实训内容】

（1）明确自己想要制作的短视频类型。

（2）策划选题制度和流程，建立短视频选题库。

（3）构思自己的第一个短视频故事，完善故事情节，丰富故事细节。

【实训要求】

（1）规划短视频账号的长期运营策略，形成一个比较固定的创作流程和规律。

（2）搜索类似的短视频账号并与其对比，找出自己的短视频账号的发展规划中存在哪些需要改进的地方。

第 4 章
短视频文案写作

【学习目标】

（1）了解短视频标题的作用、特点和写作方法。

（2）了解短视频简介的作用、特点和写作要求。

（3）掌握短视频脚本的构成要素、结构以及写作技巧，总结一套编写短视频故事脚本的模板。

（4）掌握短视频开头和结尾的写作技巧。

（5）学会在短视频中植入营销，了解营销文案的价值和写作手法。

文案写作是短视频吸引用户注意的关键，好的文案，是吸引用户注意力、提高短视频内容质量的基础。短视频文案写作需要涉及的内容非常多。本章将介绍短视频各个环节的写作，包括标题与简介、故事脚本、营销植入、开头与结尾写作的具体问题和方法。

4.1 短视频标题与简介的写作

对于很多短视频平台来说，标题与简介是一体的，标题即简介，简介即标题，二者都是对整体内容的简洁概括。可以说，写出好的短视频标题和简介，这个短视频已经成功了一半。

短视频标题与简介的写作

4.1.1 短视频标题与简介的作用

短视频的标题与简介具有点明主题、算法分发、吸引用户的作用。图 4-1 所示为短视频标题与简介的作用。

图 4-1 短视频标题与简介的作用

1. 点明主题

标题和简介是短视频整体内容的一个组成部分，好的短视频标题与简介，能够起到画龙点睛的作用，对短视频内容进行升华。

2. 算法分发

很多短视频平台采取算法分发的模式推荐作品，通过人工智能解析和提取关键词，将内容推荐给可能感兴趣的用户。如今，尽管人工智能技术可以对图像信息进行解析，但相比文字来说，准确度和效率还存在局限性。因此，标题与简介这种文字内容对人工智能抓取并解析数据十分重要。

3. 吸引用户

除了抖音这种以全屏推荐机制为主的短视频平台，很多平台需要用户自己选择是否观看短视频。但是大部分用户在观看视频前很少会展开看详情、标签、评论等内容，因此标题和简介就显得至关重要。好的标题和简介，应该能够让用户在庞大的短视频信息流中对这条短视频产生兴趣，并停留下来。

4.1.2 短视频标题与简介的主要特点

分析各个平台短视频的标题和简介可以发现，短视频的标题和简介主要有以下特点。

1. 通俗易懂

短视频作为“快餐式”文化，其标题也符合“快餐式”文化一贯的风格，通俗易懂、简单明了。短视频与传统的文化作品不同，传统的文化作品是“慢”的，需要有一些鉴赏能力强的人细细品味其内涵，因此很多传统的文化作品标题与简介较为阳春白雪，运用了各种修辞。而短视频则不同，这是一种“快”和“短”的文化，短视频的标题与简介是为了让用户在短时间内对短视频内容有大致了解，因此需要通俗易懂。

2. 贴近生活

贴近用户生活的短视频标题与简介更容易被用户关注，这个特点可以追溯到门户网站时期，而且现在有的人经常在家庭群中转发的一些内容，其标题和简介也十分贴近生活。

例如，“这两种食物不可以同时食用”“学会这个小技巧，家务再也不用发愁了”等，能够吸引大量用户的关注和认同。

3. 与内容相关

标题与简介是对短视频内容的概述或引导，主要是为了概括内容的核心观点，或者留下悬念，吸引用户观看内容。“这个视频一定要看完，跟你的生命有关！”这种危言耸听的标题与简介对于短视频来说已经过时了，类似这样的标题与简介的后台跳出率也偏高，对于算法后续的推荐有不利影响。

王立群在快手平台发布的关于“春秋霸主”讲解的短视频围绕“春秋霸主”秦穆公的“霸”展开讲解，切入点很小，而且通俗易懂，内容也与标题十分贴近。此外，这个话题也很容易引起用户的好奇心，即使不是历史专业的人，也能够了解到这个小知识点。图 4-2 所示为王立群讲解秦穆公“霸”在何处的截图。

图 4-2　王立群讲解秦穆公“霸”在何处的截图

4.1.3 短视频标题与简介的写作要求

短视频标题与简介的写作要求包括字数适中、格式标准、善用句式、语句通顺、忌“标题党”等，图 4-3 所示为短视频标题与简介的写作要求。

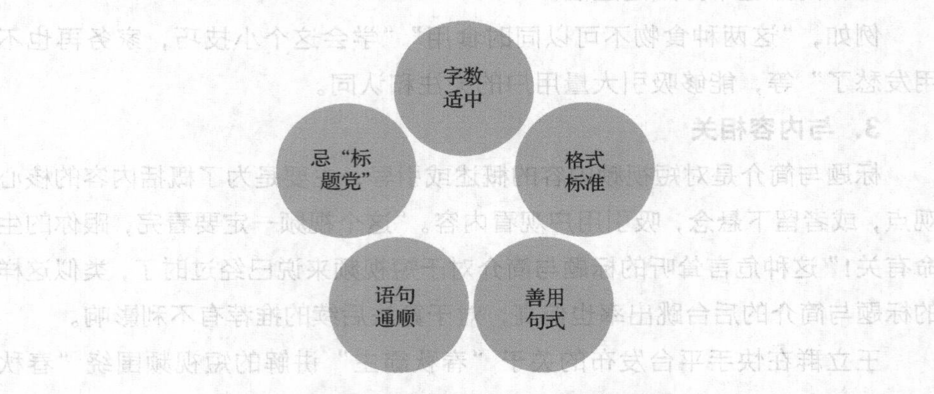

图 4-3 短视频标题与简介的写作要求

1. 字数适中

短视频的标题与简介的字数要适中，过多的字数会让用户产生厌烦情绪，过少的字数又无法表达清楚。

但这也不是一成不变的，如抖音是机器提取信息进行分发，用户不断“上划”获取到短视频信息，对标题与简介的简洁性要求较低。而快手是瀑布流的设计，用户通过标题与简介来选择是否观看对应短视频，标题与简介就更加关键。

2. 格式标准

考虑到机器提取关键词的特性以及方便大多数用户观看，标题与简介中的数字要写成阿拉伯数字，文字内容尽量用中文表达，减少英文使用频次。

3. 善用句式

中文不仅有陈述句，还有疑问句、反问句、感叹句、设问句等，这些句式不仅能从形式上令用户眼前一亮，还能够引发用户思考，增强代入感和互动感。此外，通常来讲，三段式标题与简介使用更为普遍，便于用户理解，减少阅读负担，承载更多内容，层层递进表述更为清晰。

4. 语句通顺

标题与简介的主要作用是提炼内容，吸引用户。因此，一个好的标题与简介就需要语句通顺，让用户一眼就能看懂标题和简介，以此了解短视频内容。

5. 忌“标题党”

“标题党”包括两种类型，一种是标题和内容完全不符，另一种是断章取义，严重夸张，这两种类型的“标题党”都不利于短视频的长期发展。一个优质的短视频账号，主要还是靠优质的短视频内容作为支撑的。

4.1.4　成功的短视频标题与简介的写作技巧

短视频标题与简介的重要性在前文已经有充分的阐述，对于短视频博主来说，为创作的短视频拟定一个成功的标题与简介十分重要，这部分将列举一些短视频标题与简介的写作技巧。图 4-4 所示为短视频标题与简介的写作技巧。

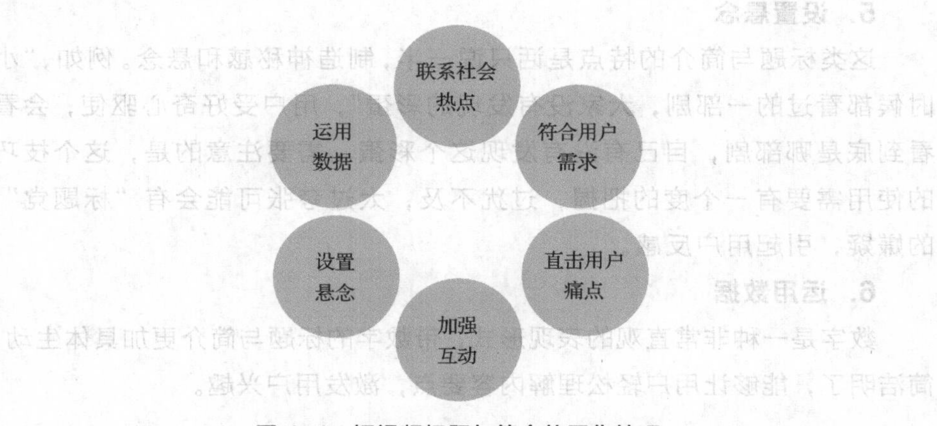

图 4-4　短视频标题与简介的写作技巧

课堂讨论

在阅读以下内容前，请读者回忆那些令自己印象深刻的短视频标题与简介。

1. 联系社会热点

与热点相结合的标题与简介能起到借势营销的效果，在短时间内获得较大流量。例如，从节日、事件、新闻等热点中提取关键词，加入标题与简介之中。

2. 符合用户需求

有与用户需求相关的内容，会提高用户观看的积极性和主动性。这类标题与简介大多直观明了，如“3 分钟学会 PS”“10 分钟做好一道菜”，点明需要花费的时间和能够获得的技能。

3. 直击用户痛点

用户关心和关注的内容，有些是出于恐惧或者担忧的心理，这类心理会促使用户观看视频。例如，“快转发给子女，这种食物不能冷藏”，中老年用户看到标题与简介后会出于担忧的心理，观看并转发给子女。

4. 加强互动

通过疑问、设问或反问句式，如“大家认为呢？”“大家同意吗？”激起用户评论和互动的欲望。

5. 设置悬念

这类标题与简介的特点是话只说一半，制造神秘感和悬念。例如，“小时候都看过的一部剧，大家没有发现的彩蛋”，用户受好奇心驱使，会看看到底是哪部剧，自己有没有发现这个彩蛋。需要注意的是，这个技巧的使用需要有一个度的把握，过犹不及，太过夸张可能会有“标题党”的嫌疑，引起用户反感。

6. 运用数据

数字是一种非常直观的表现形式，带数字的标题与简介更加具体生动、简洁明了，能够让用户轻松理解内容要点，激发用户兴趣。

4.1.5 案例分析

“经典咏流传”是一档诗词唱作鉴赏类综艺节目，由主持人朗诵诗词，以明星或普通人代表经典传唱人，用流行歌曲的演唱方法重新演唱经典诗词，带领观众在一众唱作歌手的演绎中领略诗词之美。图 4-5 所示为“CCTV 经典咏流传”在快手和抖音平台发布的宣传视频截图（左：快手，右：抖音），可以发现快手平台封面标题的信息更加全面，包含了撒贝宁的昵称“小撒”“CCTV”“经典咏流传”“主持人”等关键元素。

图 4-5 “CCTV 经典咏流传”在快手和抖音平台发布的宣传视频截图（左：快手，右：抖音）

通过对比抖音和快手平台可以发现，由于二者界面和浏览模式的不同，标题的重要性也有所差异。抖音的界面是全屏的，用户靠不断“上划”获取短视频信息，平台主要通过机器提取信息进行分发，标题对用户的吸引力相对较小，反而标题中的信息量是否充分比较重要，这关系到标题中的信息能否被机器提取到。而快手是瀑布流的设计，用户通过标题来选择是否观看短视频，标题能否吸引用户是个十分关键的问题。

由此可以发现，快手短视频一般有两个标题，在封面上会有一个标题，用来吸引用户点进去；在短视频页面内还有一个简介标题，用来对短视频内容进行介绍。而抖音平台的标题大多只有一个，标题内容也包含了很多信息，包括短视频内容的关键元素以及相关的热点话题等信息，既起到了标题的作用，也起到了简介的作用。抖音上有些短视频也会有封面标题，但也比较简洁，舍弃了很多信息。

4.2　短视频故事脚本的写作

短视频故事脚本的写作

脚本是指表演戏剧、拍摄电影等所依据的底本，是一个故事最初的模板。对短视频来说，脚本的写作至关重要，有一个好的脚本对于后续的短视频创作来说非常重要。

4.2.1 脚本的分类

脚本的类型有拍摄提纲、文学脚本和分镜头脚本。脚本的类别和内容如表 4-1 所示。

表 4-1 脚本的类别和内容

类别	内容
拍摄提纲	拍摄提纲是为拍摄一部影片或某些场面而制定的拍摄要点，在拍摄之前把需要拍摄的内容罗列出来，形成一个粗框架
文学脚本	文学脚本是各种小说、故事改编以后方便以镜头语言来完成的一种台本方式，把需要的素材和细节填充到拍摄提纲中，使脚本变得更加完整
分镜头脚本	分镜头脚本是将文字转换成立体视听形象的中间媒介，主要是根据解说词和文学脚本来设计相应画面，配置音乐音响，把握片子的节奏和风格等。分镜头脚本是最常用的，也是 3 种脚本中最完整的

4.2.2 短视频脚本的作用

脚本对于视频拍摄来说十分重要，短视频故事也同样需要脚本。短视频故事脚本的作用主要如下。

1. 确定故事的发展方向

脚本是短视频的拍摄框架，对故事的发展方向起着决定性的作用。一个故事的时间、地点、人物、起因、经过、结果确定之后，故事的发展也就有了一个大致的框架，在拍摄和剪辑时，只要根据这个框架拍摄剪辑就好。

2. 提高短视频拍摄的效率

只有确定了故事脚本，在拍摄和剪辑过程中才会更加顺利。试想，在拍摄之前没有确定故事脚本，只能边拍边想剧情，很可能在拍摄完毕之后才发现有镜头或情节没有拍，甚至还有可能发现剧情逻辑有问题。所以说，短视频故事脚本能够提高短视频拍摄的效率。

3. 提高短视频拍摄质量

拍摄效率的提高，也有利于拍摄质量的提高。在拍摄之前确定好机位、景别、画面内容等镜头语言，也有利于短视频拍摄质量的提高。

4. 指导短视频的剪辑

只有在拍摄和剪辑之前确定好短视频故事脚本，剪辑才可以按照脚本进行。参照故事脚本编辑能够提高剪辑的效率，指导剪辑剧情安排。

4.2.3 短视频脚本的具体应用

前面提到短视频脚本分为拍摄提纲、文学脚本以及分镜头脚本，这些脚本不是通用的，不同的脚本分别适用于不同类型的短视频。不同类型短视频脚本的应用如表 4-2 所示。

表 4-2　不同类型短视频脚本的应用

类别	应用
拍摄提纲	拍摄提纲主要是为拍摄一部影片或某些场面而制定的拍摄要点，多用于新闻纪录片的拍摄。这种脚本只对拍摄内容起提示作用，适用于一些不容易掌控和预测的内容。例如，一些新闻类或者随机的街拍短视频，可以运用这种脚本类型
文学脚本	文学脚本基本上列出了所有可控因素的拍摄思路，但是这种脚本对于短视频来说有一个不足：它只有人物的大致情节，不会明确地指出演出者的台词。因此，一些不怎么需要剧情或者台词的短视频可以采取这种脚本
分镜头脚本	分镜头脚本要求十分细致，每一个画面都要在掌控之中。可以说，分镜头脚本已经将文字转换成了可以用镜头直接表现的画面，一定程度上已经是“可视化”影像了。分镜头脚本对画面的要求极高，要在短时间展现出一个情节性很强的内容。分镜头脚本适用于故事性强的短视频，是故事类短视频常用的脚本类型

4.2.4 短视频脚本的构成要素

短视频脚本的构成要素与故事要素基本相同，如故事发生的时间、地点，故事中的人物，包括人物的台词、动作、情绪，每个画面拍摄的景别，需要突出的特定场景等。表 4-3 所示为康师傅方便面广告分镜头脚本。

表 4-3　康师傅方便面广告分镜头脚本

镜头	摄法	时间	画面	解说	音乐	备注
1	采用全景，背景为昏暗的楼梯，机器不动	4 秒	两个女孩 A、B 忙碌了一天，拖着疲惫的身体爬楼梯	背景是傍晚昏暗的楼道，突显主人公的疲惫	《有模有样》插曲	女孩侧面镜头，距镜头 5 米左右
2	采用中景，背景为昏暗的楼道，机器随着两个女孩的变化而变化	5 秒	两个人刚走到楼梯口就闻到了一股泡面的香味，飞快地跑回宿舍	昏暗的楼道，与两人飞快的动作交相呼应，突出两人的疲惫	《有模有样》插曲	刚到楼道口正面镜头，两人跑步从侧面镜头一直到背面镜头
3	近景，宿舍，机器不动，俯拍	1 秒	另一个女孩 C 在宿舍正准备试吃泡面	与楼道外飞奔的两人形成鲜明的对比	《有模有样》插曲	俯拍，被摄主体距镜头 2 米
4	近景，宿舍门口，平拍，定机拍摄	2 秒	两个女孩在门口你推我搡地不让彼此进门	突出两人饥饿，与窗外的天空相互配合	《有模有样》插曲	平拍，被摄主体距镜头 3 米
5	近景，宿舍，机器不动	2 秒	女孩 C 很开心地夹着泡面正准备吃	与门外的两个女孩形成对比	《有模有样》插曲	被摄主体距镜头 2 米

一个完整的短视频分镜头脚本，一般包括六要素：镜头编号、景别、对话（解说词、旁白）、音乐、音效和镜头长度。这些要素可以删选，表 4-4 所示为短视频分镜头脚本的要素和内容。

表 4-4　短视频分镜头脚本的要素和内容

要素	内容
镜头编号	每个镜头按顺序编号
景别	一般分为全景、中景、近景、特写和微距等。 技巧：包括镜头的运用——推、拉、摇、移、跟等，镜头的组合——淡出淡入、切换、叠化等。 画面：详细写出画面里场景的内容和变化，简单的构图等
对话（解说词、旁白）	包括台词、解说词（旁白）等。台词是戏剧表演中角色所说的话，是剧作者用以展示剧情，刻画人物，体现主题的主要手段，解说词（旁白）是按照分镜头画面的内容，以文字稿本的解说为依据，把它写得更加具体、形象
音乐	使用什么音乐，应标明起始位置
音效	也叫"效果"，它是用来创造画面身临其境的真实感，如现场的环境声、雷声、雨声、动物叫声等
镜头长度	每个镜头的拍摄时长，以秒为单位

4.2.5 短视频脚本的要点

在构思和写作短视频脚本时，需要注意以下几个要点。

1. 主题

主题即短视频脚本的核心，是创作者想要通过短视频表达的核心思想，如友情、亲情，悲伤、愤怒等。在写短视频脚本之前，需要先定一个大的方向，根据账号定位确定故事选题，建立故事框架，确定角色、场景、时间等要素。

2. 主线

主线就是故事的“链条”，由一个主要矛盾的发生、发展和解决过程贯穿整个剧作。短视频脚本发挥了提纲挈领的作用，因此需要对故事的走向、人物的变化、环境的更迭进行梳理。

3. 场景

场景即短视频的拍摄场景，在脚本中梳理短视频的拍摄场景能够提前确定拍摄顺序，在拍摄时把同一个场景的内容集中拍摄，有利于提高效率，节省人力、物力、财力。

4. 景别

景别是指由于摄影机与被摄主体的距离不同，造成被摄主体在摄影机寻像器中所呈现的范围大小的区别，一般分为特写（指人体肩部以上）、近景（指人体胸部以上）、中景（指人体膝部以上）、全景（指人体的全部和周围部分环境）、远景（指被摄体所处环境）。景别对于剧情的表达也十分重要，在短视频脚本中确定各个镜头的景别，对拍摄进度和效率都有积极作用。

5. 时间长度

时间长度即预想中的短视频长度。短视频最大的特点是“短”，因此短视频脚本也需要重视对时间长度的把控。

小贴士

本小节仅针对短视频脚本的注意要点进行粗浅的介绍，建议想要深入了解这部分内容的读者阅读更加专业的图书，如《经典电影剧本探秘》《电影剧本写作基础》等。

4.2.6 短视频脚本的写作技巧

短视频脚本的写作虽然有固定的套路，但也有一些技巧能够为整个短视频脚本增色。

1. 设置悬念

悬念的设置不仅能够为整个故事增色，也能够吸引用户的注意。对短视频来说，平铺直叙的故事往往不如充满悬念的故事吸引人。例如，以倒叙的形式，将故事结尾提前，能引起用户的好奇心。

2. 设置反转

反转的剧情能够给用户留下深刻的印象。例如，很多电视剧中都充斥着朋友因挑拨离间而反目的剧情，在短视频脚本中就可以反其道而行之，前期与传统的剧情类似，反派“兢兢业业”挑拨离间，在挑拨即将成功时剧情反转。

3. 探求未知

亲情、友情、爱情、宠物……很多用户通过短视频看的是别人的生活，是自己理想的、但却缺乏的东西。通过展现一些普通却温馨（或者刺激）的生活，也能够吸引很多用户的观看，如很多蹦极等与极限运动相关的短视频有很高的播放、点赞和转发量。

4.2.7 案例分析

“日食记”是一个有关美食的短视频 IP，自 2013 年上线以来，凭着小清新的风格和一人一猫的组合圈粉无数，截至 2020 年 11 月 6 日，日食记发布视频 419 条，拥有粉丝 424.1 万，是美食类自媒体中最受瞩目的头部 IP。图 4-6 所示为“日食记”在 bilibili 的主页截图。

“日食记”作为美食类短视频 IP，对脚本和文案的依赖比较少，但日食记团队也提到：（脚本）有一定必要，文学剧本通常决定了短视频的调性和气质，分镜头决定了节奏；且拍摄 1 分钟的短视频因为前期有分镜，所以素材比会比较高，一般为 1:3 的量级。可见短视频脚本对于整个短视频的重要性。

图 4-6 “日食记”在 bilibili 的主页截图

通过分析“日食记”导演姜老刀以及“日食记”的内容可以发现，姜老刀在视频制作方面有一定的基础。也就是说，尽管短视频的时间很短，但对视频制作基础还是有一定要求的，有一定视频制作功底的人做出的短视频也更吸引人。而对于外行来说，剪辑、拍摄的门槛可能比较高，唯一能够“弯道超车”的就是短视频脚本的写作。

4.3　短视频中的营销植入写作

短视频中的营销植入写作

由于短视频具有“短”的特性，时间长的广告营销无法与短视频兼容，而且短视频的广告营销与短视频内容的关系非常紧密，因此短视频的营销植入也需要一定的技巧。

4.3.1　营销文案与短视频内容文案的异同

营销文案与短视频内容文案既有相同点，同时又有区别。表 4-5 所示为营销文案与短视频内容文案的异同。

表 4-5　营销文案与短视频内容文案的异同

		营销文案	短视频内容文案
不同点	定义	营销文案是网络营销的核心，包括产品文案、品牌背书文案、传播文案、营销方案四大类	短视频内容文案是包含短视频标题、简介、脚本以及短视频内容的文字性叙述
	作用	营销文案在推广中有非常重要的作用，通过文案引起用户兴趣，为营销成交做准备，为销售解决问题	短视频内容文案主要是对整个视频剧情、发展走向以及人物的概括，对短视频要点的突显，同时也是引起用户注意的法宝
	目的	营销文案主要作用于用户，最终目的是引导用户关注产品或品牌	短视频内容文案主要作用于短视频，最终目的是引导用户关注短视频内容
相同点		营销文案和短视频内容文案都是为了推广，为了扩大传播范围。其中，营销文案主要针对的是产品和品牌，短视频内容文案主要针对的是短视频内容，但是短视频内容文案本身也是一种产品，也就是说，营销文案和短视频内容文案都是为了推广产品	

4.3.2　短视频内容中营销文案的价值

知萌发布的《2019 短视频营销白皮书》提到，从 2017 年开始，短视频席卷了人们的生活，成为互联网第三大流量入口，同时成了一种新的社交语言。经过几年的快速发展，短视频已成为人们发现世界，探寻美好生活的平台，也为品牌形象的建立和内容传播提供了新的介质，快速、简洁、生动、轻量、精准社交化成了短视频营销的优势。

由此可见，短视频营销具有强大的潜力和非常大的价值。短视频能够帮助广告主解决多种营销诉求，包括品牌建设、内容营销以及获得收益，这些营销目的的达成都离不开一个优质的营销文案。

就广义的短视频内容中营销文案的价值来说，营销的不仅是品牌和产品，也包括短视频本身。很多短视频账号本身就是一个产品，这种类型的营销主要是为了打造短视频 IP，将内容推广给更多的人，最终达到吸引流量、通过短视频带货的目的。图 4-7 所示为《2019 短视频营销白皮书》截图。

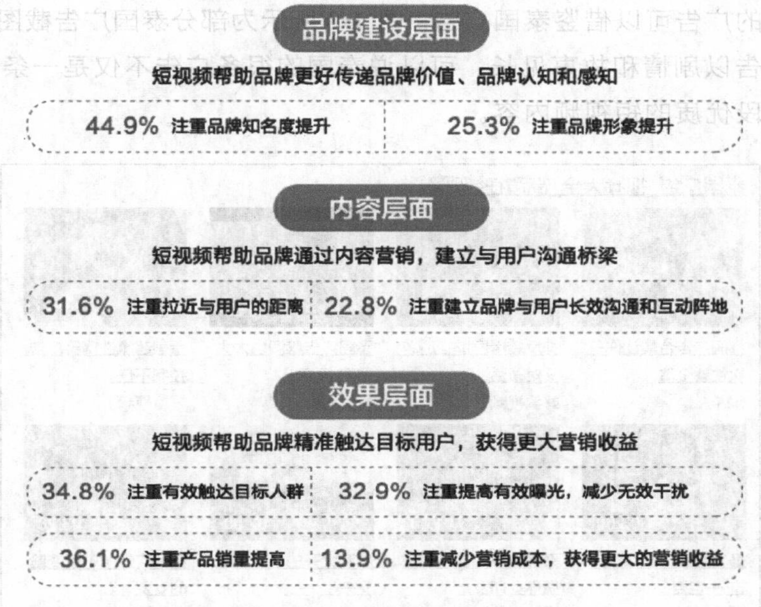

品牌建设层面

短视频帮助品牌更好传递品牌价值、品牌认知和感知

44.9% 注重品牌知名度提升 | 25.3% 注重品牌形象提升

内容层面

短视频帮助品牌通过内容营销，建立与用户沟通桥梁

31.6% 注重拉近与用户的距离 | 22.8% 注重建立品牌与用户长效沟通和互动阵地

效果层面

短视频帮助品牌精准触达目标用户，获得更大营销收益

34.8% 注重有效触达目标人群 | 32.9% 注重提高有效曝光，减少无效干扰

36.1% 注重产品销量提高 | 13.9% 注重减少营销成本，获得更大的营销收益

图 4-7 《2019 短视频营销白皮书》截图

1. 打造 IP

一个优质的短视频账号必然是一个优质的短视频 IP，通过在短视频中加入营销文案，能够更进一步地推广短视频账号，为打造优质的短视频 IP 奠定基础。

2. 便于内容营销

在用户注意力极为稀缺的时代，优质的内容也是需要营销的，也就是说，短视频内容也需要营销，将优质的内容推广给更多的用户。

3. 具有带货能力

目前短视频一个巨大的商业价值就是其带货能力，一个成功的短视频也需要提高带货能力，通过营销文案的插入来推动产品的营销推广。

4.3.3 故事主导型与产品主导型的植入文案

故事主导型和产品主导型的植入文案是目前短视频营销带货的两大类型。

1. 故事主导型的植入文案

故事主导型的营销以故事为主，在故事中加入产品的营销推广，这种类型的广告可以借鉴泰国广告。图 4-8 所示为部分泰国广告截图。很多泰国广告以剧情和故事见长，可以说泰国的很多广告不仅是一条广告，还是一段优质的短视频内容。

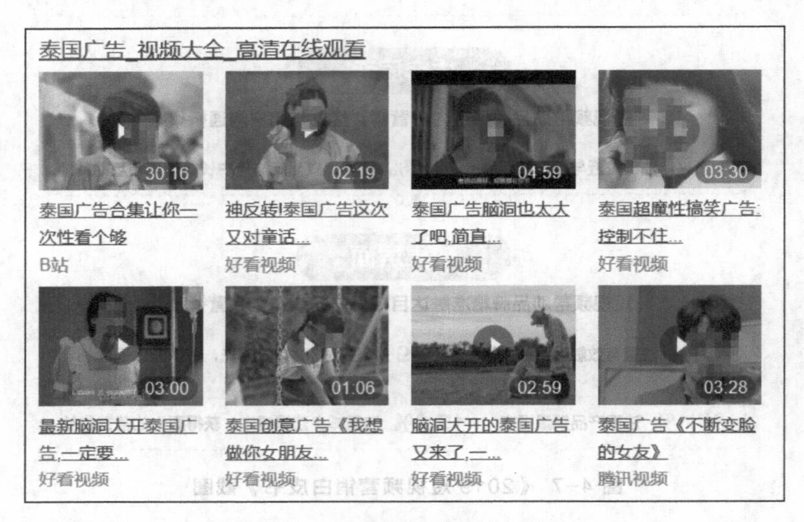

图 4-8　部分泰国广告截图

由此可见，故事主导型的植入文案一个最大的特点就是“隐蔽性”，营销文案与故事内容应该是一个整体，隐蔽到用户看不出这是一条营销文案。

但是这类型的文案有一个弊端是用户可能根本注意不到短视频中想要推广的产品，这就使得营销效果大打折扣。

所以说，这类文案既要考虑到短视频内容与文案的适配程度，也需要考虑到如何突出营销对象，促使用户购买产品。

2. 产品主导型的植入文案

相比故事主导型的植入文案，产品主导型的植入文案更加直白，最典型的就是李佳琦的“Oh my god!”“买它”，整个短视频完全以产品为主，通过试用测评向用户推荐某个产品，利用充满诱惑性的话术勾起用户的购买欲望。

但同样，这类短视频也存在一些问题，如太过生硬。产品主导型的植入文案比较接近传统的广告模式，尽管能够在短时间内将产品信息推送给用户，但却很容易引起部分用户的反感。

李佳琦的直播和短视频之所以大获成功，不仅由于他个人的吸引力，很大程度上还取决于李佳琦强大的议价能力。用户购买产品的一个重要原因是这个产品值得购买，也就是说，产品主导型的植入文案需要突出产品的价值，需要让用户认为“我买这个产品是值得的”，否则，无论多优质的短视频内容也很难引导用户购买一件没用的产品。

4.3.4 短视频内容中营销文案的写作手法

在信息爆炸的时代，各式各样的信息已经让用户目不暇接，生硬广告的作用越发微弱。因此，短视频内容中的营销文案不能照搬传统广告的模式，而应该适应互联网时代的特点，适应短视频营销的模式。

1. 拉近与用户之间的距离

使用短视频的用户大部分都是年轻人，年轻人的普遍特点是时尚、个性，他们追求与众不同，追求独一无二。因此，短视频内容中的营销文案可以用活泼、轻快的语气，使用当下流行的网络用语，拉近与用户之间的距离。

课堂讨论

请读者注意观察一些比较出名的短视频博主是如何拉近与用户之间的距离的。

2. 与短视频内容无缝衔接

一个优质的营销文案应该是与短视频内容融为一体的。例如，在一些美妆短视频和服装搭配短视频中会提到一些美妆产品或者服饰。观看短视频的用户可能会购买这些产品，但是很少会有用户将这类型短视频当作广告，这就实现了短视频与营销文案的无缝衔接。

3. 添加热点话题

添加热点话题其实就是蹭热点，这个技巧不管是对短视频内容，还是对营销文案来说都屡试不爽。

4. 赠送福利

用户喜欢免费、喜欢占便宜的心理是不变的，虽然说“天下没有免费的午餐”，但是给用户赠送福利，在很大程度能引起用户的关注。

例如，一个介绍视频拍摄技巧类的短视频账号可以将“10G 视频拍摄教程”的电子资源当作福利，吸引对视频拍摄感兴趣的用户。

4.3.5 案例分析

快乐柠檬（Happy Lemon）作为网红奶茶，在2018年与抖音合作的抖音款半熟蛋糕珍珠奶茶营销非常成功。快乐柠檬主打茶饮，以柠檬作为主要卖点。快乐柠檬的目标用户是18～35岁的关心时尚饮食的都市白领群体，事实证实，有80%的快乐柠檬喜爱者是这一目标用户群体。这一目标用户群体与抖音用户有很大程度的重叠，再加上抖音强大的传播效果，最终使得“抖音+快乐柠檬”的营销大获成功。

抖音与快乐柠檬合作打造的抖音款半熟蛋糕珍珠奶茶上有抖音符号的图案，杯套上还有各式各样的文案。图4-9所示为抖音与快乐柠檬合作营销的截图。此外，线下营销也在同步进行，快乐柠檬奶茶店被布置成一个打卡圣地。图4-10所示为抖音与快乐柠檬线下营销的截图，现场设置有互动拍摄手机框和带有个性文案的拍照手牌，如“对不起我们不熟”，营造了一个轻松愉悦的气氛，同时文案也呼应着奶茶名，引诱用户购买半熟蛋糕珍珠奶茶。

图4-9 抖音与快乐柠檬合作营销的截图

图4-10 抖音与快乐柠檬线下营销的截图

此外，快乐柠檬还在抖音发起了#对不起我们不熟#的视频挑战赛，引导用户自发地记录自己的故事，一些用户还玩起了“不熟梗”，极大地扩大了这次营销的范围。截至 2020 年 11 月 6 日，#对不起我们不熟#话题中已有 1.8 亿次播放量。

优秀的营销必然能够带动销量的增长，抖音与快乐柠檬的这次营销，不但使得半熟蛋糕珍珠奶茶成为网红爆款，还带动合作门店总营业额上涨 70%，最终，快乐柠檬借助抖音完成了系列品项营销，打造出了强有力的互动营销案例。所以说，利用短视频进行营销，能够为品牌商提供一站式的营销解决方案，根据品牌商的个性化需求，制订不同的营销方案，最终为品牌商带来丰厚的流量和回报。

4.4　短视频开头和结尾文案的写作

好的短视频开头文案，能够吸引用户关注、塑造 IP 形象；好的短视频结尾文案，能够起到画龙点睛的作用，升华整个短视频的主题，吸引用户关注短视频账号。短视频开头与结尾的文案在写作上有相似之处，也有不同之处。这一节将会围绕短视频开头和结尾的文案写作展开分析。

4.4.1　短视频开头文案的作用

短视频开头文案主要的作用有两个：一个是塑造 IP 形象，另一个是吸引用户关注。这是两个不同的方面，IP 形象的塑造是从长远来看的，可以通过一个固定的封面来形成短视频 IP 的特色。需要注意的是，短视频的封面可以从短视频中截取，也可以将第一个画面当作封面。短视频开头文案的第二个作用是吸引用户关注，这点主要是针对短视频来说的，主要目的是让用户看完这一个短视频。

1. 塑造 IP 形象

一般来说，短视频的第一个画面是封面，这个封面可以是统一的文案，让用户每次看到短视频内容就想起短视频账号，有利于打造一个成功的短视频 IP。

图 4-11 所示为抖音博主“古风音乐”不同作品的封面，虽然比较简单，但却直观明了，能够加深用户对这个账号的印象。

图 4-11 抖音博主“古风音乐”不同作品的封面

2. 吸引用户关注

“电梯时间”对短视频来说非常重要，“电梯时间”就是在一段广播电视、视频节目中视听率最高、最能吸引受众注意力的时段。短视频的开头如果不能吸引用户，那么用户将很快跳过这个视频。

课堂讨论

请读者思考如何在短视频开头吸引用户注意力。

4.4.2 短视频开头文案的写作技巧

一般来说，可以根据短视频定位来设置统一风格的封面。而除封面以外的短视频开头部分则需要更加全面的考虑，这里主要针对不同短视频开头文案的写作技巧进行分析。

课堂讨论

请读者回顾自己以往观看的短视频文案，如今能回忆起的文案有哪些？这些文案有什么特点？

1．留下悬念

悬念的重要性前面已经强调过很多次，在短视频开头留下一个悬念，能够引起用户看下去的欲望。在实践中，可以利用省略号设置悬念，如短视频开头写“今天是个愉快的日子，然而……”。

2．列出干货

最能吸引用户的不是感情的共鸣或者安慰，而是实实在在的利益。在短视频开头明明白白写出“一分钟学会做饭小技巧”，对爱做饭的用户的吸引力将会非常大。

3．结合热点

实事和热点可能不是所有用户最关心和关注的，但却能够吸引用户的观看。人都是充满好奇心的，一个新鲜的热点事件，总能够吸引数量非常庞大的用户去观看和了解。

4.4.3 短视频结尾文案的作用

好的短视频结尾文案，能够起到画龙点睛的作用，能够升华整个短视频的主题，吸引用户关注短视频账号。

1．升华主题

一篇好文章的结尾需要总结前文、升华主题，短视频也不例外。用户在观看短视频时大多是一种放松、愉悦且无意识的状态，寄希望于用户自己对整个短视频产生一个深刻的印象是比较困难的，这时候就需要短视频结尾文案来总结、提炼短视频内容，同时升华短视频的主题。

2．吸引关注

用户注意力、用户关注度对于短视频的运营来说至关重要，在需要抢夺用户注意力的今天，要想吸引用户的关注，就需要见缝插针的努力。当用户观看完一个短视频，准备看下一个短视频的时候，短视频结尾文案就起到了吸引用户关注的作用。

图 4-12 所示为“名侦探小宇”的结尾文案，“我是小宇，帮女性远离伤害”，既强调了账号的定位和特色，又能够吸引用户主动关注账号。

图 4-12 “名侦探小宇”的结尾文案

4.4.4 短视频结尾文案的写作技巧

短视频结尾文案的写作手法与开头有相似之处，如悬念的设置；也有不同之处，如增加互动、引导关注。

1. 留下悬念

虽然短视频开头结尾的写作都强调了悬念，但是二者的目的不同。开头的悬念是为了让用户观看完短视频，而结尾的悬念是为了让用户观看下一期短视频。例如，一个有剧情的短视频，可以在故事反转或者高潮之初结局，引导用户在下一期短视频中继续观看。

2. 进行互动

采用疑问句、设问句、反问句的形式，与用户进行互动，如向用户提问：那大家上一次开心的大笑是什么时候呢？这样一个简单的问句会引发很多用户主动留言和评论。

3. 引导关注

对于短视频的运营来说，“涨粉”是非常重要的。在结尾处以卖萌、装可怜或者抖机灵的形式主动请求关注，能够吸引用户关注短视频账号。

4. 总结提炼

在结尾处以文字或者视频的形式，对整条短视频进行提炼和升华，有利于加深用户对这条短视频的印象，从而加深对短视频账号的印象。

4.4.5 案例分析

李佳琦，“口红一哥”，带货达人，他曾 15 分钟卖掉 15000 支口红。2019 年“6·18”大促期间，他用 3 分钟卖出 5000 单资生堂红妍肌活精华露，销售额超 600 万。2020 年 4 月 6 日，央视主持人，“段子手”朱广权与“带货一哥”李佳琦组成的“小朱配琦”组合，同框直播，为湖北助力在线卖货。这场 130 分钟的公益直播，吸引了 1091 万人观看，累计观看次数为 1.22 亿次，直播间点赞数为 1.6 亿次，累计卖出总价值 4014 万元的湖北商品。

李佳琦是名副其实的直播达人，他抖音短视频带货也沿袭了一贯的风格，抖音开通 2 个月“涨粉”1400 万，截至 2020 年 9 月已经有 4300 多万粉丝。在短视频中，李佳琦用他具有诱惑力的话术、激情的态度以及简洁的文案，吸引用户购买他推荐的产品。图 4-13 所示为李佳琦推荐 YSL2020 新品哑光唇釉的短视频截图。“真的很美”“超美”“很显白，没错”等语句诱惑着用户购买这款产品。

通过分析李佳琦抖音主页的短视频封面可以发现，他的短视频封面都是统一的，图 4-14 是李佳琦抖音主页截图，可以看出基本上所有短视频都用了一套固定的模板，突出了所要推荐的产品，也使整个页面十分统一、具有美感，加深了用户对账号的印象，也吸引着用户购买李佳琦在短视频中推荐的产品。

图 4-13　李佳琦推荐 YSL2020 新品哑光唇釉的短视频截图

图 4-14　李佳琦抖音主页截图

本章结构图

- 短视频文案写作
  - 短视频标题与简介的写作
    - 短视频标题与简介的作用
    - 短视频标题与简介的主要特点
    - 短视频标题与简介的写作要求
    - 成功的短视频标题与简介的写作技巧
    - 案例分析
  - 短视频故事脚本的写作
    - 脚本的分类
    - 短视频脚本的作用
    - 短视频脚本的具体应用
    - 短视频脚本的构成要素
    - 短视频脚本的要点
    - 短视频脚本的写作技巧
    - 案例分析
  - 短视频中的营销植入写作
    - 营销文案与短视频内容文案的异同
    - 短视频内容中营销文案的价值
    - 故事主导型与产品主导型的植入文案
    - 短视频内容中营销文案的写作手法
    - 案例分析
  - 短视频开头和结尾文案的写作
    - 短视频开头文案的作用
    - 短视频开头文案的写作技巧
    - 短视频结尾文案的作用
    - 短视频结尾文案的写作技巧
    - 案例分析

习题

1. 短视频标题与简介的主要特点有哪些？成功的短视频标题与简介的写作技巧是什么？

2. 脚本的分类有哪些？短视频脚本的作用是什么？

3. 短视频脚本的写作技巧有哪些？

4. 营销文案与短视频内容文案的异同有哪些？

5. 短视频内容中营销文案的价值有哪些？

6. 短视频开头和结尾文案的作用分别是什么？短视频结尾文案有哪些写作技巧？

实训

为了更深刻地理解短视频的文案写作，下面通过具体的实训来进行练习。

【实训目标】

根据在上一章确定的短视频账号定位和创作的故事，构思相应的短视频文案。

【实训内容】

（1）根据短视频账号风格，写一个能够吸引用户注意的短视频脚本。

（2）运用短视频标题的写作技巧，拟一个短视频标题。

（3）编写短视频开头结尾文案。

【实训要求】

（1）短视频文案需要与短视频账号的定位相符。

（2）搜索观看类似的短视频，对比分析自己的文案存在哪些不足。

第 5 章 短视频拍摄与制作

【学习目标】

（1）了解短视频拍摄前需要的准备工作，包括团队、脚本、演员、服装化妆道具、拍摄场地和设备的准备。

（2）熟悉短视频拍摄与制作的器材和设备。

（3）熟悉短视频拍摄过程中的规范要求、构图、景别、拍摄技巧以及其他细节问题。

（4）学习并掌握一些短视频制作软件，同时熟练掌握短视频剪辑与特效的制作。

短视频的拍摄与制作是整个短视频制作流程中的关键部分。本章将针对短视频的拍摄与制作的主要流程进行介绍，包括拍摄前的准备、器材的选择、拍摄过程的把控、制作软件、剪辑与特效等内容。

5.1 短视频拍摄前的准备

在短视频拍摄前需要做一些准备工作，包括拍摄团队、故事脚本、演员、化妆、道具、服装以及拍摄场地与拍摄设备的准备。

5.1.1 拍摄团队的准备

对短视频拍摄来说，组建一个高效、负责的团队是非常重要的，这是我们在制作短视频时首先要解决的问题，如图 5-1 所示。

拍摄团队根据分工的不同，大致包括策划、场务、拍摄、后期制作、运营等 5 种工作岗位。我们在组建拍摄团队时，要根据这几种工作岗位进行组建，然后进行拍摄任务的分配。至于拍摄团队的规模，则要根据拍摄的短视频内容来确定，如果拍摄内容复杂，则需要较多的人员参与。

图 5-1　组建拍摄团队

几种工作岗位主要负责的内容，如表 5-1 所示。

表 5-1　工作岗位对应的主要负责内容

工作岗位	主要负责内容
策划	类似导演和编导，负责拍摄中的内容策划、过程指导工作。对短视频内容整体进行统筹规划，在拍摄团队中发挥核心作用
场务	主要负责拍摄过程中场地规划、服装、化妆、道具的准备工作。配合拍摄现场的需求，维护现场的环境
拍摄	负责短视频的具体拍摄和拍摄相关的工作
后期制作	负责短视频后期的剪辑、包装等工作。后期制作是一项重要的工作，需要时刻和策划、场务、拍摄人员保持紧密的联系以达到理想效果
运营	负责短视频内容的投放、宣传、推广、播放效果的反馈以及提出内容改进策略等工作

5.1.2　故事脚本的准备

一个高质量的脚本能在很大程度上引起观众的共鸣，吸引观众的注意。因此在撰写脚本之前，我们需要确定整体的拍摄思路和拍摄流程，并从以下几个方面进行准备。

1．选题类型

选题类型就是要拍什么类型的短视频，美妆类、生活类、情感类，还是测评类？这是我们在拍摄前期要考虑清楚的。针对不同选题的，脚本的差别是比较大的。

2. 主题思想

主题思想是短视频创作者向观众传达的“价值观”，就像文章的中心思想一样，通常体现在脚本中。好的主题能够直击观众内心，引起广大观众的讨论，使观众产生共鸣。

3. 角色设定

在脚本准备中，我们要对短视频中人物的角色进行定位，设定人物的生活背景、人物性格、台词等。通过刻画人物性格，来为人物定制标签。

例如，在“朱一旦的枯燥生活”中，短视频人物“朱一旦”的“战术内八”“劳力士”“非洲”等标签通常能给观众留下较为深刻的印象。

4. 故事线索

故事线索始终贯穿整个短视频，串联起故事和人物。故事线索有推动情节发展的作用。

5. 环境要素

环境要素就是我们在拍摄短视频时，短视频的环境、节奏、氛围、配乐等一系列要素的统称，我们在准备故事脚本时要把环境要素考虑在内。

5.1.3 演员、化妆、道具、服装的准备

故事脚本准备好之后，就开始进行演员、化妆、道具、服装等的相关准备工作。

1. 演员与化妆的准备

在选择演员时，我们要根据脚本设定来进行选择。演员和角色定位要契合，演员颜值虽然发挥一定的作用，但是不能一味追求“颜值至上”。例如，搞笑类短视频就需要找一个能够放“包袱”的演员；美妆类短视频就需要找一个对美妆足够熟悉的演员。

此外，我们还需要为演员化妆。化妆也要根据剧情需要。例如，被打之后的淤青或者一些夸张的妆容，这些都是我们需要根据脚本设定来进行准备的。

2. 道具的准备

根据不同的作用，道具可分为场景道具和表演道具。场景道具是我们在布置场景时需要的，例如，我们的故事剧情设置在办公室，那么柜子、办公桌等就是场景道具；表演道具是演员在表演时需要的，如果需要扮演

一个老人，那么假发和拐杖就是表演道具。

课堂讨论

请读者尝试自制道具，并将其应用到短视频的创作中。

3. 服装的准备

选择服装时，服装既要有辨识度，又要符合短视频中的人设。例如，看到西装、衬衫，我们就能联想到职场人士。不过随着短视频的拍摄场景越来越生活化、日常化，短视频对于演员的服装没有太过严格的要求。

5.1.4 拍摄场地与拍摄设备的准备

在开始拍摄之前，需要做好拍摄场地与拍摄设备的准备工作。

1. 拍摄场地的准备

在选择拍摄场地时，我们首先要确定的是拍摄场地是在室内还是在室外。如果拍摄场地在室内，那么我们就要根据短视频脚本来搭建摄影棚，确定拍摄风格，如图 5-2 所示。室内的场地需要我们构建场景、准备能衬托环境的背景布和道具。在室内布置拍摄场地比较容易把控，而且不易因外界环境影响拍摄过程。

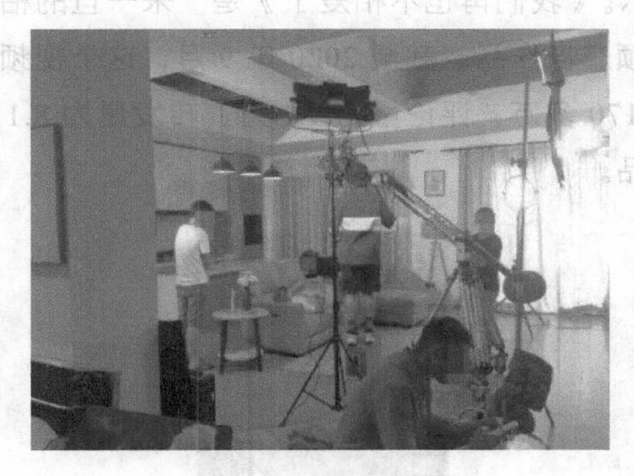

图 5-2　室内拍摄

如果拍摄场地在室外，我们寻找与故事脚本相契合的场地进行拍摄即可，不需要进行太过复杂的布置，但是受到外部因素影响的风险也会大大增加，如天气、光线、场外人物等，不易把控整个拍摄过程，如图 5-3 所示。

图 5-3 室外拍摄

2. 拍摄设备的准备

摄像机、灯光设备、收音设备、三脚架等都是拍摄中必不可少的。除了这些，我们还要根据实际需要选择其他的拍摄设备，如稳定器、滑轨、监视器等。在拍摄之前，我们要对摄像机的电池、储存卡、收音设备等进行检查，准备好备用设备和备用电池，以免遇到突发情况。在室外拍摄时，尽量挑选轻便、续航时间长、收音效果好的拍摄设备，尽量降低外部环境对拍摄过程的影响。

5.1.5 案例分析

下面以“朱一旦的枯燥生活”制作的《我们再也不相爱了》短视频为例，如图 5-4 所示。《我们再也不相爱了》是“朱一旦的枯燥生活”制作的家庭主题的短视频广告作品。截至 2020 年 9 月，这个视频在抖音短视频平台的点赞量达到 170 多万，评论量为 9.1 万，转发量为 8.1 万，算是一个比较成功的爆款作品。

图 5-4《我们再也不相爱了》截图

在故事脚本方面，《我们再也不相爱了》属于温情类短视频，以家庭关系为主题，以作文题目“幸福一家”为故事线索，通过“舅舅”和“外甥女”间的特殊的“对话”来叙述。故事题材选用了当今社会中比较普遍的关于父母离异、家庭关系的问题。这种题材的代入感比较强，能够引起观众的广泛共鸣。《我们再也不相爱了》是剧情类短视频，演员具有鲜明的性格特征，感染力较强，这也是该视频能成为爆款的重要原因。

5.2　短视频拍摄与制作的器材

“工欲善其事，必先利其器”，在短视频拍摄过程中，拍摄与制作器材至关重要。短视频拍摄与制作的器材包括专业摄像机、专业相机、手机、灯光和反光板、录音设备以及后期制作设备等。

5.2.1　专业摄像机

在短视频创作中，设备通常是我们在拍摄过程中需要考虑的问题。对于拍摄设备的选择，我们一般会从设备的功能、价格、拍摄需求、性价比等几个方面去考虑。不同的拍摄设备在画面效果、使用难度、价格上具有较大的差异。

专业摄像机一般指的是摄像机中的摄录放一体机。摄像机是一种专业化的拍摄设备，被广泛运用于新闻行业和活动记录。

小贴士

专业摄像机一般配备变焦范围从28mm到600mm的变焦镜头。镜头的最大光圈能达到F1.7。专业摄像机能拍摄4K画面（个别摄像机能更高），画面清晰流畅。另外专业摄像机具有数据速率低、存储效率高等特点。能拍摄更多的素材，一般可连续拍摄两小时以上。较大程度上避免了在外拍摄过程中存储空间不够的情况。

专业摄像机功能较为齐全，能够根据不同需求对光圈、快门、感光度、色调、白平衡、焦距等多个参数进行调节，且有利于后期剪辑调整。专业摄像机防抖能力强，方便手持，适合室内场景和室外场景。适用于拍摄采访式、记录式、课程式的视频，功能较为强大。专业摄像机对工作室、公司这类对视频质量要求较高的机构是较为合适的，如图 5-5 所示。

图 5-5　专业摄像机

但是由于专业摄像机价格较高，机身比较重，对入门者来说，操作相对复杂。另外，专业摄像机的感光元件体积不大，很难在非长焦焦段虚化背景，所以在创意画面的实现上有一定的难度。

5.2.2　专业相机

专业相机就是我们通常所说的照相机，是一种利用光学成像原理形成影像并使用底片记录影像的设备。早期的相机结构较为简单，无法满足多样的需求。而现代相机已经成为一种结合光学、精密机械、电子技术和化学技术的复杂产品，能够满足我们日常拍摄的要求。

专业相机的感光元件尺寸大，成像效果好，能够实现由浅入深的景深画面拍摄。相机也可以配置不同光圈、不同焦段的镜头。专业相机功能齐全，可以调节拍摄模式、光圈、快门、感光度等参数，如图 5-6 所示。跟摄像机相比，相机体积适中，使用起来灵活方便，适合拍摄微电影类、场景剧、Vlog、测评类短视频等。

小贴士

在市场上主要有佳能（Canon）、索尼（SONY）、尼康（Nikon）等较为热门的相机品牌，读者可以根据自身实际情况选择是否购买专业相机。

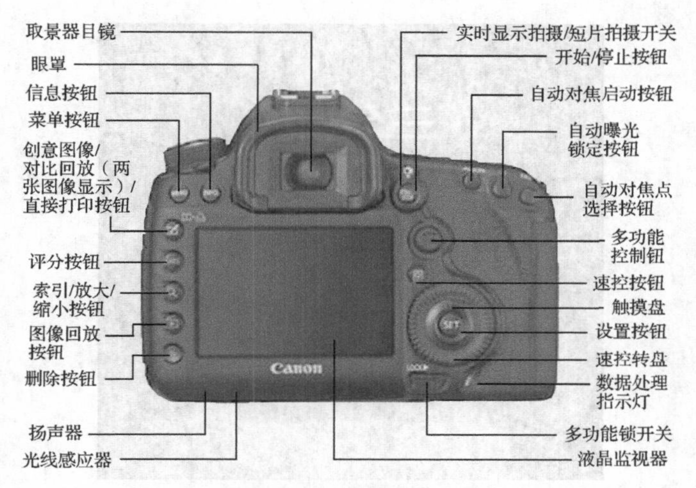

图 5-6　专业相机

但是用专业相机拍摄短视频也有一些劣势。专业相机的对焦能力和追焦能力弱，需要手动进行调节，对于入门者来说有一定的难度。另外就是专业相机的防抖能力较弱，拍摄过程稳定性较差，需要三脚架、稳定器来进行辅助拍摄。专业相机的音频录制功能也不及专业摄像机，且无法长时间录制视频（一般有 30 分钟的录制时间限制），长时间录制会出现机身过热的情况。

5.2.3　手机

如果之前对摄像机和相机没有了解，不懂得如何拍摄。那么在拍摄初期，若对画质没有过高的要求，可以选择手机来完成短视频的拍摄。与专业设备相比，手机具有简单易上手、方便快捷、便于携带和价格相对便宜的优势，而且随着手机的更新换代，现在的手机功能也越来越强大。一些手机已经具备延时摄影、慢动作拍摄等功能。图 5-7 所示为 2018 年上映的短片《三分钟》，这部短片就是陈可辛导演全程用手机拍摄的。

小贴士

现在市面上的华为、OPPO、小米、苹果等品牌的手机拍照、摄像功能十分强大，能够在很大程度上满足拍摄的需求。尤其适合拍摄自娱自乐性的短视频和记录性的短视频。

图 5-7 短片《三分钟》截图

手机是目前短视频拍摄中比较受欢迎的拍摄设备。除了手机具备拍摄功能，短视频 App 也都带有短视频拍摄功能，而且这些短视频 App 的美颜、滤镜等功能齐全，尤其是拍摄风景和人像，能达到非常不错的拍摄效果。图 5-8 所示是抖音短视频 App 的拍摄界面。

图 5-8 抖音短视频 App 的拍摄界面

在手机品牌的选择上，我们可以根据手机像素、价格等多个因素来考虑。DXOMARK 作为一个专门对相机和镜头进行测评的网站，可以为我们提供足够多信息。图 5-9 所示是 DXOMARK 对手机相机评测的排名。

DXOMARK

MOBILE	CAMERA	SELFIE	AUDIO
Huawei P40 Pro	128	103	
Oppo Find X2 Pro	124		
Xiaomi Mi 10 Pro	124		76
Huawei Mate 30 Pro 5G	123		61
Honor V30 Pro	122		
Huawei Mate 30 Pro	121	93	60
Xiaomi Mi CC9 Pro Premiu...	121	77	54
Apple iPhone 11 Pro Max	117	92	71
Samsung Galaxy Note 10+ ...	117	99	66
Samsung Galaxy Note 10+	117		66
Huawei P30 Pro	116	89	

图 5-9　DXOMARK 对手机相机评测的排名

但是，手机在拍摄短视频时，由于自身的限制，也存在一些“硬伤”。一方面，手机的传感器尺寸较小，手机传感器尺寸与拍摄的画质密切相关，因此手机拍摄画质较差；另一方面，手机在变焦方面与摄像机、专业相机有较大的差距，变焦体验较差。

5.2.4　灯光设备和反光板

在拍摄短视频过程中，为保证画面的亮度和质感，我们一般都会用到灯光设备或反光板。

1. 灯光设备

在室内或者室外光线不足的情况下，画面的质量受影响较大。在选择灯光设备时，我们也要按照实际的需求来进行选择。如果是团队拍摄，那么最好选择一款专业的灯光设备。这种设备一般配合专业摄像机或专业相机来使用，如图 5-10 所示。

图 5-10　灯光设备

如果是个人拍摄而且预算又不多，使用手机补光灯或者便携式补光灯是一个不错的选择。手机补光灯侧重于人像美颜，通常直播或者拍摄人像时会用到。另一款常用设备是便携式补光灯，便携式补光灯使用灵活方便，能够兼容手机、相机等设备。

2. 反光板

反光板在拍摄中是用得较多的辅助设备，如图 5-11 所示。反光板主要有方形、椭圆、圆形等几种形状。每个反光板都有银色（金色）和黑色两面，主要有补光和减光两个作用。在光线不足的情况下，银色（金色）面可以增加拍摄主体的曝光程度；在光线过多的情况下，黑色面可以用来“减光”。尤其是在拍摄人物时，反光板尤为重要。

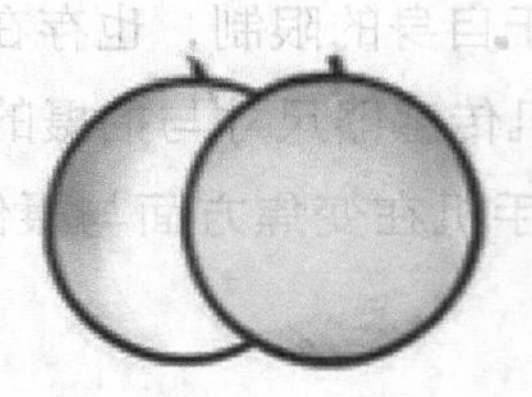
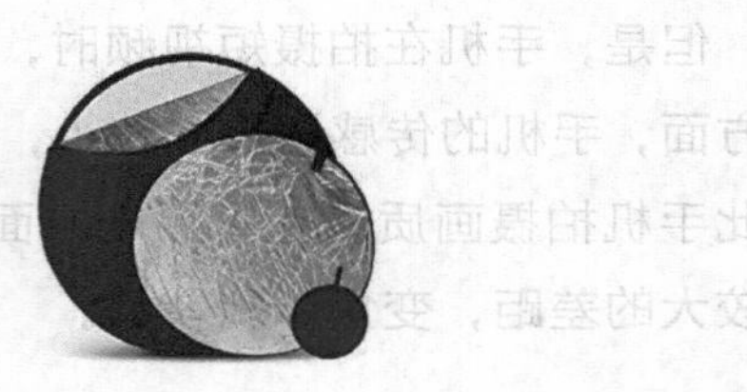

图 5-11　反光板

5.2.5 录音设备

短视频拍摄不仅依靠画面，视频的声音同样扮演了重要的角色。所以拍摄短视频时我们要做好视频收音工作。根据不同的拍摄场景和拍摄设备，我们使用的录音设备也有较大的差别。

1. 线控耳机

耳机是我们拍摄短视频时使用较为频繁的一种录音设备，线控耳机通常和手机搭配来拍摄短视频，用于简单的个人拍摄，如图 5-12 所示。使用耳机进行收音，成本较低，而且非常方便，如果对音频质量要求不是很高可以使用耳机来收音。需要注意的是，使用耳机录音时，尽量在安静的环境下进行，降低外界噪声干扰。

2. 录音笔

录音笔体积小巧，方便携带，如图 5-13 所示。录音笔能够实现高清录音，非常适合短视频拍摄。而且目前市场上一些录音笔支持声音转文字，大大简化了后期字幕的添加工作。

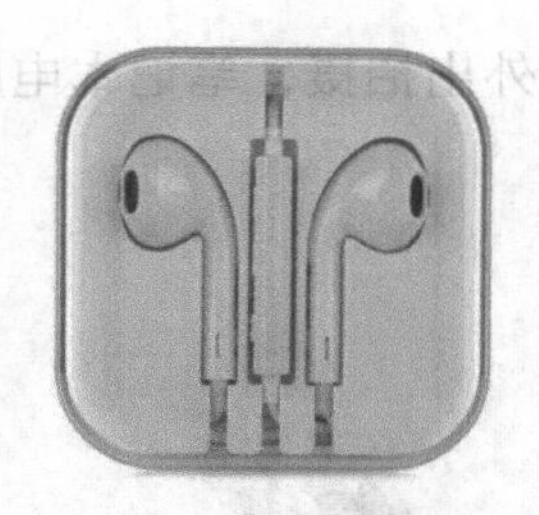

图 5-12　线控耳机

图 5-13　录音笔

3. 外接麦克风

外接麦克风是一款较为专业的收音设备，分为手机外接麦克风、相机外接麦克风和摄像机外接麦克风，如图 5-14 所示。外接麦克风的收音效果好于录音笔和线控耳机，能够实现音画同步。市面上外接麦克风品牌和种类众多，我们在选择时根据自己的拍摄需求选择合适的即可。

4. 无线麦克风

无线麦克风，或称“无线话筒”，是传输声音信号的音响器材，由发射机和接收机两大部分组成，通常称为“无线麦克风系统”，如图 5-15 所示。无线麦克风能够实现无线的音频传输，在使用时，将带有麦克风的发射机靠近声源，用接收机连接拍摄设备。

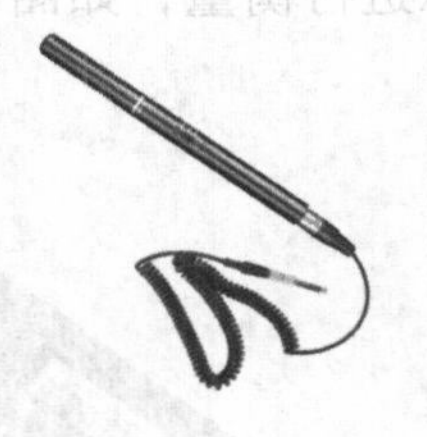

图 5-14　外接麦克风

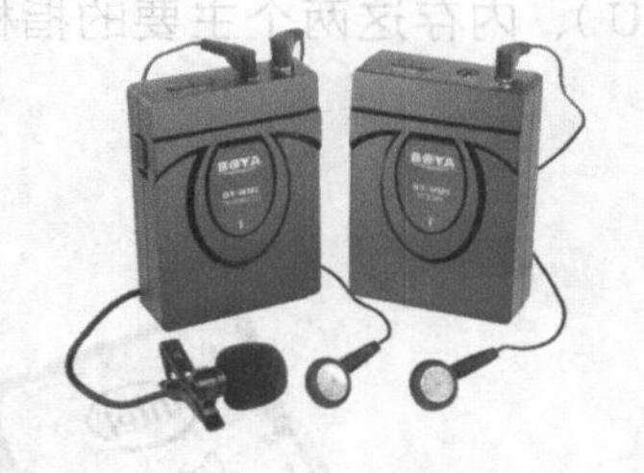

图 5-15　无线麦克风

5.2.6　后期制作计算机设备

选择后期制作计算机设备需要注意几点，分别为计算机设备类型、计算机系统以及计算机配置。

1. 计算机设备类型

在计算机设备类型的选择上，台式计算机更加流畅，笔记本电脑更加方便，如图 5-16 所示。如果场所固定，如个人工作室、公司、摄影棚等，推荐使用台式计算机进行制作。如果经常外出拍摄，笔记本电脑是更好的选择。

图 5-16　计算机设备

2. 计算机系统

现在市面上两款主流的操作系统分别是 Windows 和 mac OS。两款操作系统都能够满足我们需求，Windows 操作系统适配性强，mac OS 操作系统简洁、流畅，因此选择操作系统的时候可以根据预算和喜好进行选择。

3. 计算机配置

在短视频的后期制作上，我们通常会用到 Premiere、After Effect、Final Cut Pro 这几款常用的后期制作软件，这也对计算机配置提出了更高的要求。在选择适合视频后期制作的计算机时，我们首先从计算机的中央处理器（CPU）、内存这两个主要的指标进行衡量，如图 5-17 所示。

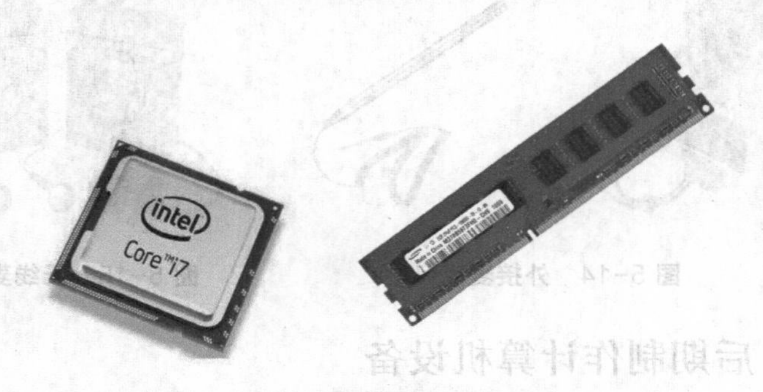

图 5-17　中央处理器和内存

对于中央处理器（CPU）来说，选择高频、多核心的处理器是十分必要的，处理器的核心数量最好在八核以上；Premiere 和 After Effect 这两款后期制作软件比较占用内存，所以在选择计算机内存的时候最好选择 8GB 或者 16GB 的运行内存，这样才能保持剪辑过程的流畅。

5.2.7　辅助设备

辅助设备是帮助拍摄者更好地完成短视频拍摄的辅助性工具，包括三脚架、稳定器、背景布、自拍杆等。

1. 三脚架

三脚架是我们在拍摄中经常用到的设备，主要用于固定机位、大的场景以及延时摄影的拍摄，如图 5-18 所示。三脚架的主要作用是稳定拍摄设备，并能实现镜头的推、拉、升、降等操作。

图 5-18　三脚架

根据材质不同，三脚架可以分为碳纤维三脚架、合金三脚架、钢制三脚架，如表 5-2 所示。

表 5-2　三脚架的类型

三脚架类型	材质	特点	使用场所
碳纤维三脚架	碳纤维	轻便、方便携带、稳定性好、坚固耐用	室外
合金三脚架	合金	不够轻便、坚固耐用	室内
钢制三脚架	钢	较为沉重、稳定性好	室内

2. 稳定器

在拍摄时，手持设备在移动状态下拍摄容易出现画面抖动、不稳定的状况，所以我们要使用稳定器来进行辅助拍摄，如图 5-19 所示。稳定器主要分为专业相机稳定器和手机稳定器，专业相机稳定器与手机稳定器在用途上相似，但在体积、价格上有较大的差别。

在选择稳定器时，我们要把握以下几个原则，如表 5-3 所示。

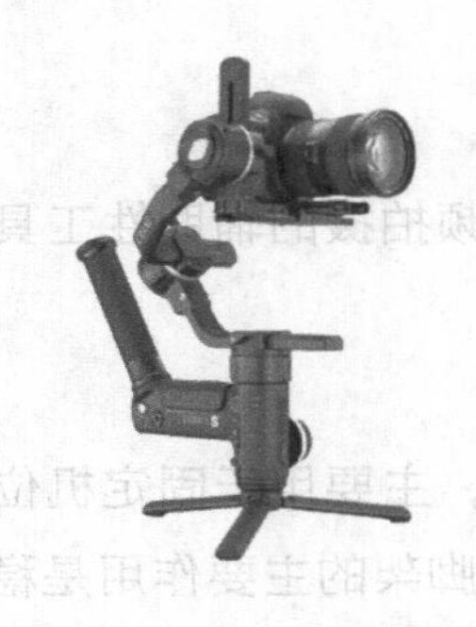

图 5-19　稳定器

表 5-3　选择稳定器的原则

原则	具体内容
优质品牌	好的品牌意味着更好的品质和更卓越的性能，大疆、智云这两个品牌的稳定器是目前比较受欢迎的
性价比高	稳定器作为一个辅助设备，价格过高会大大影响消费者的体验。市面上手机稳定器售价大多在 600～1000 元，相机稳定器在 2000 元到上万元不等
用着舒服	在选择稳定器时要考虑稳定器是否与设备适配、手感是否舒适。以专业相机稳定器为例，如果相机机身和镜头过重，稳定器会出现抖动的现象
轻巧便携	拍摄短视频时经常会遇到长时间举持稳定器的情况，所以要选择轻巧便携的稳定器

3. 背景布

在短视频拍摄中，画面的背景会对整体的画面形象造成很大的影响。因为画面的背景往往会在画面中占较大的比例，杂乱不堪的背景会降低画面的美感，且用户的停留时长和认可度可能会因背景而大大降低，因此我们在拍摄时需要有一个符合视频风格基调的背景。如果拍摄的短视频画面取的是外景，一个简单干净的背景会提高画面整体的格调。

如果在室内拍摄，比较经济实用的方法就是使用背景布，根据视频的风格进行背景布的选择，如图 5-20 所示。背景布价格低廉、简单便捷、经济适用，很适合用来装饰我们的短视频画面。

4. 自拍杆

自拍杆能够延伸我们的拍摄范围，也是一款性价比极高的拍摄辅助工具，如图 5-21 所示。自拍杆价格便宜，操作简单。自拍杆分为手持自拍杆和支架自拍杆，手持自拍杆一般比较常见。手持自拍杆有线控和蓝牙控制两种类型，而支架自拍杆只能使用蓝牙进行控制。与手持自拍杆相比，支架自拍杆不需要手持，支持远距离的拍摄（蓝牙控制范围内），但是价格也更高一些。

图 5-20　背景布

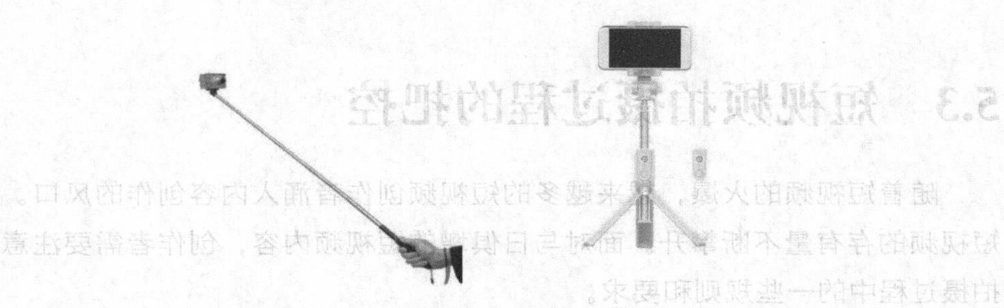

图 5-21　自拍杆

5.2.8　案例分析

“好嗨哦，感觉人生已经到达了高潮，感觉人生已经达到了巅峰”，博主“多余和毛毛姐”凭借浓重的贵州口音和浮夸的表演迅速走红。“多余和毛毛姐”原名余兆和，2018 年 10 月 22 日发布短视频《城里人和我们农村人蹦迪》，视频中余兆和一人分饰多角，其中戴橙色假发的“毛毛姐”带有贵州口音的一句话引起大批网友的争相模仿，如图 5-22 所示。

从图 5-22 中可以看出，这条短视频整体来说比较粗糙。由此可见，不管是拍摄器材还是后期制作设备，都不需要特意购买太过专业和昂贵的，一条优质的短视频，也许并不需要十分专业的道具设备，一个独特的创意、巧妙的设计就有可能达到意想不到的效果，使一条普通的短视频脱颖而出，给观众留下十分深刻的印象。

图 5-22 《城里人和我们农村人蹦迪》截图

5.3 短视频拍摄过程的把控

随着短视频的火爆，越来越多的短视频创作者涌入内容创作的风口。短视频的存有量不断攀升。面对与日俱增的短视频内容，创作者需要注意拍摄过程中的一些规则和要求。

5.3.1 短视频拍摄规范

如今短视频平台的审核规范越发严格，如果违背了平台的规范，就会出现审核不通过的情况，因此在拍摄过程中就需要注意这些规范准则。

1. 画面内容

短视频不能出现血腥、暴力、色情等因素，因此在拍摄过程中需要注意避免拍摄这些画面。

2. 视频标准

不同短视频平台的上传视频标准要求有所不同，如短视频的分辨率、时长等标准，需要根据不同平台的规范进行调整。

5.3.2　短视频拍摄要求

除了要明确短视频平台的规范外，我们还要注意短视频拍摄过程中的要求，这表现在对拍摄主体、拍摄陪体、拍摄时间、拍摄环境和拍摄画幅的选择上。

1．拍摄主体

拍摄主体是短视频中的主体对象，也是短视频内容和主题思想呈现的主要载体。如果视频中拍摄主体展现的不够清晰、明确，那么短视频的主题思想就不能被准确地表达。所以在拍摄时，我们要把拍摄主体放在画面的突出位置，直接或间接地展现拍摄主体。图 5-23 所示为拍摄主体。

图 5-23　拍摄主体

2．拍摄陪体

拍摄陪体的主要作用是衬托拍摄主体，此外还能够使画面更加有层次感，突出视频所要表达的主题。在短视频中，拍摄陪体的作用虽然不及拍摄主体，但往往也是画面中不可或缺的部分。图 5-24 所示为拍摄陪体。

图 5-24　拍摄陪体

3．拍摄时间

拍摄短视频时，拍摄时间要与故事脚本中的时间设定相契合，如选择日出还是日落、冬季还是夏季，如图 5-25 所示。不同的时间段呈现的拍摄效果也有所差异，这些都是我们在拍摄过程中要考虑的。

图 5-25 拍摄时间

4．拍摄环境

拍摄环境的涵盖范围广，有时涵盖了拍摄陪体。拍摄环境与拍摄陪体的作用相似，也是为了突出拍摄主体，如图 5-26 所示。但是拍摄环境更加强调营造氛围，一方面对拍摄主体起到说明的作用，另一方面加深观众对短视频内容的了解。

图 5-26 拍摄环境

5．拍摄画幅

在拍摄短视频的过程中，我们要根据拍摄对象、拍摄环境以及短视频的主题思想来选择不同的画幅。画幅是短视频内容的视觉呈现方式，也影响着观众的观感。如何选择一个合适的拍摄画幅，是我们需要认真考虑的事情。从宏观角度来说，最常见的就是横画幅和竖画幅，其中常用的横画幅有 4:3 与 16:9 两种，如图 5-27 所示。

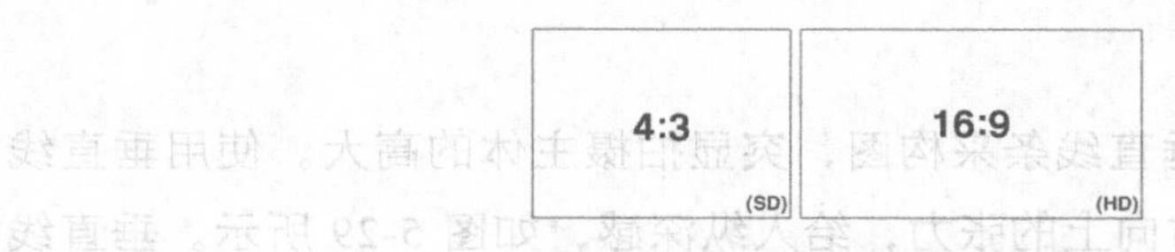

图 5-27　4:3 与 16:9 的横画幅

小贴士

横画幅符合我们传统的观看习惯，画面内容呈现水平延伸的特点，会给人一种舒适、平和的感觉。横画幅可以装下丰富的内容，适合拍摄旅游类、美食类、剧情类短视频。

竖画幅是短视频平台比较热门的一种画幅，竖屏拍摄操作简单。竖画幅会显得拍摄主体高大、纤细，非常适合拍摄人物类短视频。

5.3.3　短视频拍摄常用的构图手法

构图是一个造型艺术术语，即绘画时根据题材和主题思想的要求，把要表现的形象适当地组织起来，构成一个协调的、完整的画面。构图常用于视频拍摄，良好的构图是拍好视频的基础。构图能够对画面中的内容有所取舍，突出主体。常用的构图方法大致有以下 8 种。

短视频拍摄常用的构图手法

1. 水平线构图

水平线构图是一种最基本的构图方法。在该构图方法下，画面沿水平线条分布，传达一种稳定、和谐、宽广的感觉，如图 5-28 所示。水平线构图在短视频拍摄中较为常用，适用于拍摄自然风景，如草原、平静的水面。

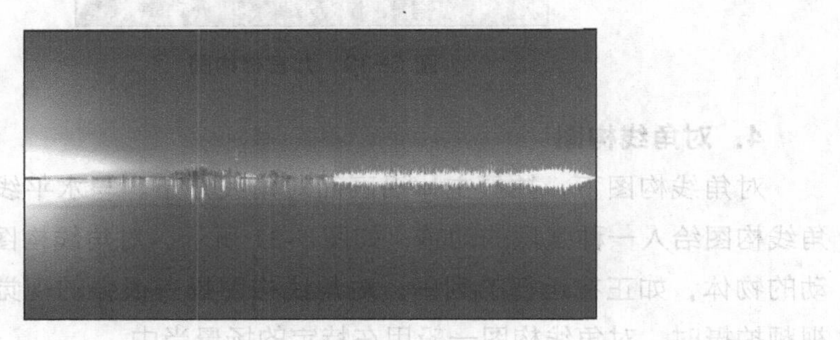

图 5-28　水平线构图

2. 垂直线构图

垂直线构图是沿垂直线条来构图，突显拍摄主体的高大。使用垂直线构图能表现一种垂直方向上的张力，给人纵深感，如图 5-29 所示。垂直线构图非常适合拍摄竖屏短视频。

图 5-29　垂直线构图

3. 九宫格构图

九宫格构图是短视频拍摄中一种比较重要的构图方法。不仅是视频，我们在拍照时也经常使用这种方法。九宫格构图法通过横向两条、纵向两条共 4 条分割线将画面按照黄金比例进行分割。使用九宫格构图法拍摄出来的画面符合观众的视觉审美，画面具有美感，如图 5-30 所示。

图 5-30　九宫格构图

4. 对角线构图

对角线构图下，拍摄主体沿画面对角线分布。与水平线构图相反，对角线构图给人一种强烈的动感，如图 5-31 所示。对角线构图常用来拍摄运动的物体，如正在运行的列车。对角线构图具有很强的视觉冲击力，但短视频拍摄时，对角线构图一般用在特定的场景当中。

图 5-31　对角线构图

5．中心式构图

中心式构图就是将拍摄对象放在画面中心，突出拍摄对象的主体地位。使用中心式构图会使整个画面主体突出，有平衡感。中心式构图能让观众一眼看到画面中的重点，将注意力集中在拍摄对象上，如图 5-32 所示。在使用中心式构图时，要尽量保证背景干净、整洁。

图 5-32　中心式构图

6．对称式构图

对称式构图是指确定一条对称轴或者对称中心，使画面内容沿对称轴或对称中心分布。对称式构图给人一种沉稳、安逸的感觉，如图 5-33 所示。对称式构图适合用慢节奏的镜头去表现，通常被用来拍人文景观。

图 5-33　对称式构图

7. 框架式构图

在拍摄短视频时，选取框架进行构图也是我们常用的构图方式。选取门框、树杈、窗户等框架式前景，能将观众的视线引向框架内的景象，营造一种神秘的氛围，如图 5-34 所示。这种构图方法能将拍摄主体与风景融为一体，具有较大的视觉冲击力。

图 5-34 框架式构图

8. 前景构图

前景构图是利用拍摄主体前面的景物来进行构图的一种方法。前景构图能够增加画面的层次感、纵深感，不仅能够丰富画面内容，还能更好地展现拍摄主体，如图 5-35 所示。

图 5-35 前景构图

5.3.4 短视频拍摄的几种景别

在拍摄短视频过程中，由于拍摄设备和拍摄主体距离的差别，拍摄主体在画面中所呈现的比例也有所区别，我们通常称之为“景别”。景别由近到远分为特写、近景、中景、全景、远景，下面以人为拍摄主体分别进行介绍。

1. 特写

特写的拍摄范围一般是在人体肩部以上，着重拍摄人物的面部特征以及表情变化，如图 5-36 所示。特写能让观众产生接近感，传达画面中人物的内心活动。另外，特写可通过对面部五官的拍摄来推动故事情节发展，衬托故事氛围。

图 5-36　特写

2. 近景

近景的拍摄范围在人体胸部以上，主要是拍摄人的表情，如图 5-37 所示。近景在刻画人物性格方面具有重要的作用。

图 5-37　近景

3. 中景

中景的拍摄范围在人体腰部以上。中景能够详细地表现故事的情节、人物的动作和精神面貌，如图 5-38 所示。使用中景拍摄能够很好地在复杂的拍摄环境中捕捉拍摄主体。

4. 全景

全景主要用来展现人体的全部和周围部分环境，体现人与环境之间的关系，如图 5-39 所示。使用全景拍摄可以把人物的穿着、动作，以及周围的环境展现出来。

图 5-38　中景

图 5-39　全景

5．远景

远景主要拍摄主体所处环境，用于大场景的展示，如图 5-40 所示。

图 5-40　远景

5.3.5　短视频拍摄的技巧

短视频拍摄的技巧

每一个完整的短视频作品都是由一个或者多个镜头组合设计而成的。镜头的拍摄手法直接关系到短视频作品的整体效果。短视频拍摄包括固定机位拍摄和运镜拍摄两种方式。固定机位拍摄就是摄像机静止不动的拍摄方法，这种拍摄方法比较简单，使用固定机位拍摄一般需要三脚架或者其他的稳定设备来进行辅助拍摄。

运镜拍摄的镜头设计比较丰富，非常适合拍摄剧情类、特效类的短视频。运镜拍摄常见拍摄手法包括推、拉、摇、移、跟、甩、晃、旋转、升降镜头等，表 5-4 所示为运镜拍摄常见的拍摄手法。

表 5-4　运镜拍摄常见的拍摄手法

拍摄手法	具体内容
推镜头	推镜头主要利用摄像机前移或变焦来完成，逐渐靠近拍摄主体，使人感觉在一步一步走近要观察的事物
拉镜头	拉镜头即通过摄像机后移或变焦来逐渐远离要表现的拍摄主体，使人感觉正一步一步远离要观察的事物
摇镜头	摇镜头也称为“摇拍”，即在拍摄时保持对象不动，摇动镜头做左右、上下、移动或旋转等运动，使人感觉从对象的一个部位逐渐观看到另一个部位
移镜头	移镜头也叫“移动拍摄”，它将摄像机固定在移动的物体上做各个方向的移动来拍摄不动的物体，使不动的物体产生运动效果
跟镜头	跟镜头也称为“跟拍”，即在拍摄过程中找到跟拍对象，然后跟随对象进行拍摄。跟镜头一般要保证对象在画面中的位置保持不变，只是跟随它所走过的画面有所变化
甩镜头	甩镜头即快速地将镜头摇动，极快地转移到另一个景物上，将画面切换为另一个内容，而将中间的过程模糊处理的效果
晃镜头	晃镜头主要应用在特定的环境中，让画面产生上下、左右、前后的摇摆效果
旋转镜头	旋转镜头即将镜头沿镜头光轴或接近镜头光轴的角度旋转拍摄，使摄像机快速做超过 360° 的旋转拍摄
升降镜头	升降镜头是摄像机通过上下移动拍摄对象的一种运动拍摄方式，通过改变摄像机高度和俯仰角度给观众带来丰富的视觉感受

课堂讨论

请读者应用本节介绍的推、拉、摇、移、跟、甩、晃、旋转、升降镜头的手法拍摄几段短视频，并讨论效果。

5.3.6 短视频的拍摄模式

在拍摄短视频的过程中，我们会根据拍摄需求采用不同的拍摄视角、故事线的叙事方式、人称。根据短视频的拍摄视角、叙事方式、人称的不同，短视频可分为自拍模式、讲解模式、剧情模式和采访模式 4 种。

1. 自拍模式

自拍模式是采用第三人称视角，将摄像机镜头对准自己进行拍摄的模式。这种拍摄模式一般采用中近景，视频形式较为单一。自拍模式最早出现在直播平台，后来延伸至短视频平台并迅速流行。自拍模式能够激发用户自我展示的欲望，更加适合竖屏短视频的拍摄。伴随着智能手机成为当下流行的短视频拍摄工具，自拍模式成为现在短视频制作中比较常见也比较简单的拍摄模式，如图 5-41 所示。

图 5-41　自拍模式

2. 讲解模式

讲解模式多用于电影解说、测评类短视频。这类短视频也是目前比较常见的，横屏拍摄居多。讲解模式最主要的特点是创作者可以采用“音画不同步”的方式，先制作画面，后期通过配音的方式来进行讲解。讲解模式以讲清楚故事为主要目的，可以采用第一人称视角或者第三人称视角进行拍摄，如图 5-42 所示。

图 5-42　讲解模式

3. 剧情模式

剧情模式是指有明确主题和背景设定的剧情类短片拍摄模式。剧情模式多采用第三人称视角，是对某种社会现象或者特定人群生活状态的写照和映射，如图 5-43 所示。剧情模式一般需要多个镜头进行组合，有特定的剧本和情节。剧情模式能够拍摄丰富的内容，但拍摄过程较为复杂。

图 5-43　剧情模式

4. 采访模式

采访模式也是一种较为常见的短视频拍摄模式。采访模式可以用于人物采访类短视频、街访类短视频。采访模式一般结合第一人称视角和第三人称视角，具有很强的灵活性，如图 5-44 所示。

图 5-44 采访模式

5.3.7 短视频拍摄过程中的细节问题

在拍摄过程中，拍摄者除了要注意前面提到的问题，还需要注意一些细节，如要避免逆光拍摄、对焦要准确、围绕中心对象拍摄、注意拍摄环境、掌握视频拍摄时长、把握“黄金三秒”等。

1. 避免逆光拍摄

在拍摄短视频的时候，要把握好拍摄对象和阳光或灯光之间的位置关系。最基本的一条就是避免逆光拍摄。逆光拍摄容易使人的脸部过暗，或者阴影部分看不清楚。如果必须要在逆光条件下拍摄人物，就一定要使用反光板，并且把拍摄设备调节为逆光补偿。

课堂讨论

请读者尝试逆光拍摄和顺光拍摄，观察二者有什么差别。

2. 对焦要准确

在短视频拍摄时，我们以拍摄对象在画面正中央为对焦的点。在自动对焦模式下，镜头是依据前方物体反射回来的信号判断距离或调整焦距的。所以某些特殊情况（如隔着铁丝网、玻璃或者与目标之间有人物移动等）会使对焦不稳定。如果镜头前的画面有影响焦距的因素，只需将对焦模式从自动切换到手动即可。

3. 围绕中心对象拍摄

在短视频拍摄中要围绕中心对象进行拍摄。尤其是在复杂的拍摄环境中，中心对象的行为、语言和情绪变化构成了短视频作品的逻辑主线。即便短视频要拍摄其他人的言行，也都应围绕着影片的主要人物着笔，不可让其喧宾夺主。

4. 注意拍摄环境

在拍摄时尽量选择稳定的拍摄环境。好的拍摄环境有利于拍摄画面的稳定，也能提高我们的拍摄效率。

小贴士

建议读者在日常生活中注意观察生活中的不同环境，为短视频创作积累素材。

5. 掌握视频拍摄时长

短视频都有一定的时长限制。如果时间太短，会让人看不明白。如果时间太长，会显得枯燥无聊，影响观众的观看热情。因此要注意短视频的镜头停留时长和拍摄时长，仔细斟酌每个镜头。

6. 把握“黄金三秒”

短视频观众停留时长比较短。如果一个短视频作品在 3 秒或者 3 秒以内无法吸引观众，就很可能会被观众无情“划走”。所以视频开始的“黄金三秒”要足够精彩以留住观众。

5.3.8 案例分析

“记忆会渐渐模糊，时间会慢慢流逝，希望这个视频可以在以后的某个时日里重新唤起这段美好时光。看完整视频数一下有多少只猫？#幸福生活中的仪式感”，这是博主“燃烧的陀螺仪”发布的《陀螺仪的低空飞行日志》的第一集，如图 5-45 所示。

图 5-45 《陀螺仪的低空飞行日志》第一集截图

这个视频主要内容是城市风光，使用横画幅拍摄，采用了推、拉、摇、移、跟、甩、旋转、升降等多种运镜技巧，镜头丰富且衔接流畅。拍摄景别涵盖了特写、近景、中景、远景，画面中杯子、猫、旗帜等多个画面采用了中心式构图，很好地突出了拍摄的中心对象。整个短视频综合运用了第一视角和第三视角，画面的停留时长在 1～2 秒，画面内容丰富，节奏快而有序。

5.4 短视频的制作软件

随着短视频行业的不断发展，各种短视频的制作软件涌现。这一节将针对几类制作软件展开介绍，包括短视频平台自带的制作功能、专门的手机短视频制作 App、专业的视频剪辑制作软件以及短视频剪辑制作的各类辅助工具。

5.4.1 短视频平台自带的制作功能

目前很多短视频平台都有自带的短视频制作功能，降低了短视频创作者创作短视频的门槛，吸引更多的用户参与到短视频创作之中。这部分将介绍抖音、快手以及微信视频号 3 个比较火的短视频平台。

1. 抖音

抖音作为一款典型的短视频 App，兼具了拍摄和编辑的功能。

步骤 1：开始拍摄。点击抖音首页页面下方“+”按钮，开始拍摄一段短视频，如图 5-46 所示。

图 5-46　抖音首页页面

步骤 2：拍摄短视频。在短视频拍摄页面，可以拍摄多段短视频，拍摄完成之后点击页面下方的“√”按钮，如图 5-47 所示。

图 5-47　抖音拍摄页面

步骤 3：编辑短视频。在短视频剪辑页面，为短视频选择配乐、特效、文字、贴纸、滤镜等，如图 5-48 所示。

图 5-48　抖音编辑页面

步骤 4：剪辑短视频。点击步骤 3 中的“剪辑”按钮可进入剪辑页面，对各段短视频进行剪辑，如图 5-49 所示。

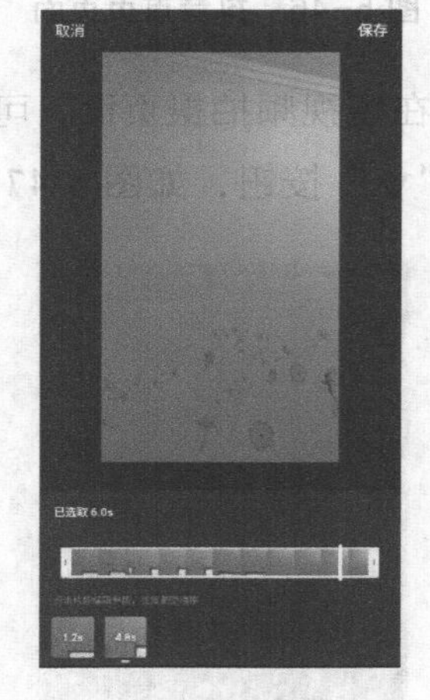

图 5-49　抖音剪辑页面

2. 快手

快手与抖音的功能相似，兼有拍摄、编辑、发布等功能。快手编辑功能有滤镜、添加字幕、特效、配乐等。不同的是，快手支持长图的发布，这给用户提供了多种选择，图 5-50 所示为快手的编辑页面。

图 5-50　快手的编辑页面

3. 微信视频号

微信视频号同样内置了完备的编辑功能，无论是对图片还是视频，都可以非常方便地进行二次创作。例如，大家经常会在图片上添加表情、水印、文字，如果是视频内容，还可以添加背景音乐。但是微信视频号目前的编辑功能无论是与抖音还是与快手相比，都显得比较简单。

5.4.2　专门的手机短视频制作 App

短视频创作者除了可以利用短视频平台自带的制作功能进行创作外，还可以利用专门的手机短视频制作 App 进行创作，如剪映、快影、巧影、猫饼、Vue 等。

1. 剪映

剪映是一款与抖音配套的剪辑工具，在剪辑方面更加专业，如图 5-51 所示。剪映拥有较多的模板，尤其是“剪同款”功能，能够搜索模板，剪辑出与模板相同的效果；其“一键制作”功能也比较强大，非常适合新入门者使用；在音频方面可以使用录音或提取音乐，音效比较多；能对视频进行简单的调色，有高光、锐化、亮度、对比度、饱和度等调节参数；在视频剪辑完成后会带上水印，不过大家可以在设置中关闭水印。

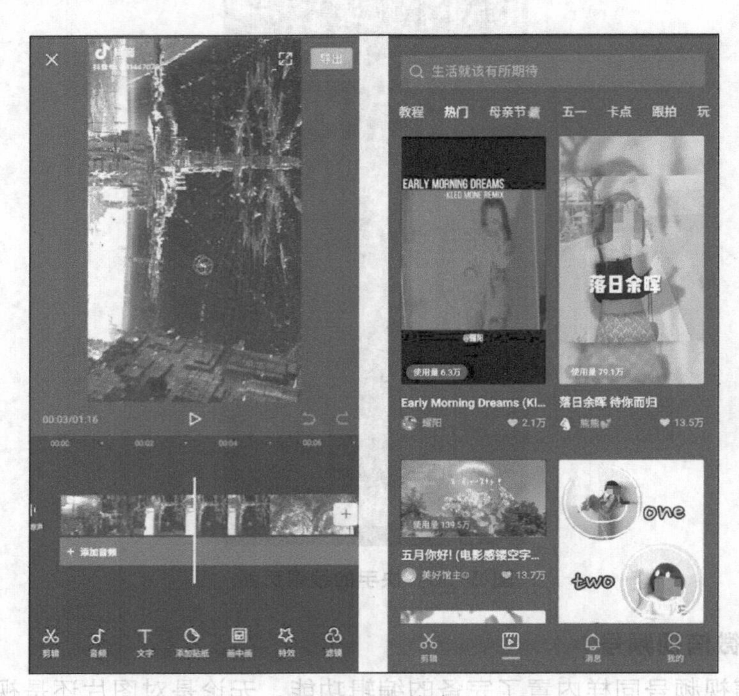

图 5-51　剪映

课堂讨论

请读者尝试利用剪映剪辑短视频。

2. 快影

快影是一款与快手配套的剪辑工具，可以直接在软件里启动相机拍摄，如图 5-52 所示。快影可以一键制作视频，但是视频模板更新不太及时；操作简单，支持添加各种音频，能够导入本地音频及提取视频声音；能够自动识别字幕，修改也比较方便；对于视频水印，片尾可以关闭但是需要先分享到朋友圈才行。

3. 巧影

巧影是一款功能强大的手机端视频剪辑软件，如图 5-53 所示。巧影操作简单并且功能丰富，基本的视频剪辑功能巧影都有；能够选择不同的视频比例，支持横屏和竖屏画面的剪辑；剪辑过程中能够单独新建一个编辑窗口，实现剪辑、拼接、叠加不同的画面；音频的添加合成和分离都非常方便；有丰富的转场效果；但是有的功能需要付费才能使用，如一些高级的素材模板、去除水印等。

图 5-52　快影

图 5-53　巧影

4．猫饼

猫饼是一个适合新手的视频创作工具，如图 5-54 所示。猫饼的滤镜效果比较好，配乐都有版权，字幕和贴纸是手机视频软件中比较好的；猫饼不仅拥有视频剪辑的功能，还自带各种教程，变速、倒转、拆分视频都可以轻松搞定；添加背景音乐时可以利用节奏踩点功能为音乐波形添加关键点，再根据关键点进行视频剪辑。

图 5-54　猫饼

5. Vue

Vue 是一款主打短视频的剪辑软件，如图 5-55 所示。作为一款短视频拍摄和剪辑软件，Vue 界面设计简洁、操作简单，同时还考虑了短视频在生活中的各种使用场景；除了剪辑、配乐、文字等基本功能外，Vue 还添加了调速功能和多款滤镜，能够调整画幅、更换滤镜。

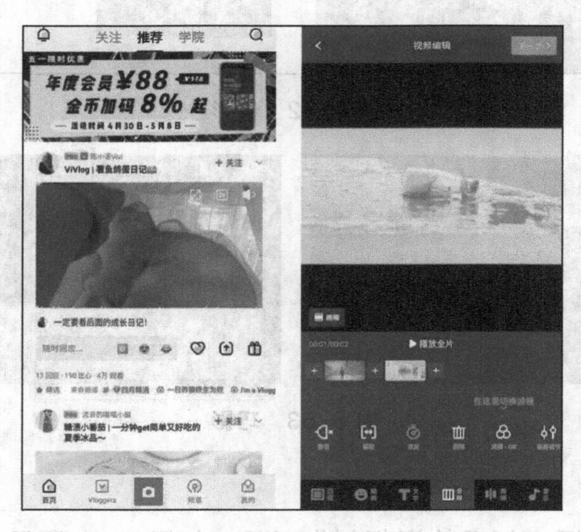

图 5-55　Vue

5.4.3　专业的视频剪辑制作软件

对于视频的后期剪辑来说，目前有爱剪辑、会声会影、iMovie、Final Cut Pro、Adobe Premiere Pro、EDIUS 等几款剪辑软件，其中爱剪辑、会声会影、

iMovie 等专业化程度不够高，本小节主要围绕 Final Cut Pro、Adobe Premiere Pro、EDIUS 3 款比较专业的软件展开介绍。

1. Final Cut Pro

Final Cut Pro 是一款由苹果公司开发的专业视频非线性编辑软件，如图 5-56 所示。Final Cut Pro 界面整洁清爽、稳定性强、剪辑效率高，且较少出现剪辑过程中系统退出的状况。Final Cut Pro 内置了很多转场和特效，预览视频比较流畅。不足之处就是 Final Cut Pro 只适用于 macOS，在苹果计算机上才能操作和使用。Final Cut Pro 软件和剪辑需要的效果插件需要付费购买，且苹果设备的价格昂贵。

图 5-56 Final Cut Pro

2. Adobe Premiere Pro

Adobe Premiere Pro 是比较受欢迎的视频编辑软件，操作步骤简单、容易上手，适合新手学习和掌握，如图 5-57 所示。Adobe Premiere Pro 能同时在 Windows 操作系统和 macOS 中使用，支持当前所有标清和高清格式的实时编辑，并可以和其他 Adobe 软件高效集成使用。但是由于 Adobe Premiere Pro 对显卡和处理器的要求较高，因而在安装软件之前最好先评估计算机的配置和性能。

课堂讨论

请读者安装 Adobe Premiere Pro，尝试使用 Adobe Premiere Pro 剪辑一个短视频。

图 5-57　Adobe Premiere Pro

3. EDIUS

EDIUS 是一款非线性编辑软件，专为广播和后期制作环境而设计，如图 5-58 所示。EDIUS 特别针对新闻记者、无带化视频直播和存储开发，拥有完善的基于文件的工作流程，提供了实时、多轨道、多格式混编、合成、色键、字幕和时间线输出功能，不过在短视频制作中使用较少。

图 5-58　EDIUS

5.4.4　短视频剪辑制作的各类辅助工具

除了上面提到的短视频剪辑制作软件外，创作者如果想要更进一步地学习，还可以学习特效工具和剪辑调色工具等辅助工具。

1. 特效工具

Adobe After Effects（以下简称“AE”）是一款由 Adobe 公司推出的非线性特效合成软件，主要适用于影视特效、栏目包装和动画设计，属于层类型后期软件，如图 5-59 所示。AE 属于专业的影视后期处理工具，具有图形视频处理、路径、特效控制、多层剪辑、关键帧编辑等诸多功能。在短视频后期制作中，我们将剪辑工具和特效工具配合使用。但是由于 AE 操作较为复杂，对于初学者来说需要深入学习后才能掌握。

图 5-59　Adobe After Effects

2. 剪辑调色工具

DaVinci Resolve Studio 是 Blackmagic Design 旗下一款著名的调色软件，中文名为“达芬奇调色”，如图 5-60 所示。达芬奇调色是一个集专业离线编辑精编、校色、音频后期制作和视觉特效于一身的软件，功能比较强大，兼具了视频编辑功能和视频调色功能，兼容性强、运行速度快、画质好。但是软件专业化程度较高，操作难度较大，不易上手。

图 5-60　达芬奇调色

5.4.5　案例分析

以 2020 年上线的微信视频号为例，用户可以根据需要，利用视频号内置的编辑功能进行二次创作，如为短视频添加滤镜、表情、字幕、音乐等，从而使作品更加丰富、有趣，增加吸引力。图 5-61 所示是微信视频号的图片编辑与视频编辑功能的展示。

图 5-61　微信视频号的图片编辑与视频编辑功能

事实上，在短内容尤其是短视频内容的编辑功能方面，微信视频号目前的编辑功能无论与抖音还是与快手相比，都显得比较简单甚至单薄。有些用户也预测，微信全面放开视频号创建和发布功能之后，将会在模板、特效和音乐方面有较大的改进。

对于这种预测我们无从判断它是否会变为现实，但视频号目前提供的基本剪辑功能，已经做到了操作足够简便、时间成本足够节约，能够让用户相对轻松地拍摄和剪辑。

5.5　短视频的剪辑与特效

在了解各类短视频剪辑与短视频的剪辑特效工具之后，就需要开展具体的后期制作工作。这一节将针对剪辑与转场、音频、特效、字幕等各项后期剪辑与特效工作进行介绍。

5.5.1　短视频剪辑需要注意的问题

在短视频的剪辑过程中，我们通常会遇到很多问题，如视频素材镜头缺失、素材或字幕中含有敏感内容、视频叙事逻辑混乱等。因此提前做好剪辑的准备工作是十分必要的。在剪辑短视频之前，我们要充分把握短视频的剪辑思路、主题、敏感信息的判定标准，在剪辑中时刻保持剪辑的灵活性，如表 5-5 所示。

表 5-5　短视频剪辑需要注意的问题

注意问题	具体内容
确定剪辑思路	站在观众的角度进行审视，将短视频的内容要点呈现在观众面前，进而确定自己的剪辑思路
明确短视频主题	将短视频表达的含义传达给观众，一些短视频经常会通过社会现象和热点话题的映射，来传达短视频的主题和态度
规避敏感信息	现在抖音、快手等短视频平台对短视频内容都有了明确的规范，对于敏感内容我们可以选择舍弃或者使用马赛克处理
保持剪辑的灵活性	在剪辑过程中不能“死板”地按照剧本进行剪辑，对于有创意的剪辑手法和镜头，要敢于尝试

5.5.2　短视频的剪辑与转场

为什么有的短视频播放量很高，有的短视频无人问津呢？最主要的原因在短视频的制作和剪辑上。短视频的剪辑和转场直接影响短视频的质量，以下是我们常用的几种剪辑方法和转场方法。

1. 短视频的剪辑方法

短视频的剪辑方法包括动作顺切、离切、交叉剪辑 、跳切、匹配剪切、声音滞后以及声音先入等，如表 5-6 所示。

表 5-6　短视频的剪辑方法

剪辑方法	具体内容
动作顺切	动作顺切是镜头在角色仍在运动时进行切换的剪辑方式，主要用于抛掷物体、人物转身、穿过一扇门等场景
离切	离切是画面先切到插入镜头，再切回主镜头，借以表现人物内心的剪辑方式。使用离切时，插入镜头一般和人物处在同一空间
交叉剪辑	交叉剪辑就是在两个场景中来回切换。交叉剪辑可以加重紧张感和悬疑感，主要表现人物内心变化

续表

剪辑方法	具体内容
跳切	跳切是对同一镜头进行剪接，通常用来表示时间的流逝，加重镜头的急迫感
匹配剪切	匹配剪切通常在连接的两个镜头动作一致或构图一致时使用，用于切换不同的场景
声音滞后	声音滞后是上一镜头的音效一直延续到下一镜头的剪辑方法，能够不打断画面的节奏，实现完美过渡，起到承上启下的作用
声音先入	声音先入是下一镜头的音效在画面出现前响起，主要目的是为画面引入新的元素，起到不打断画面节奏、承上启下的作用

2. 短视频的转场方法

短视频的转场方法包括淡入淡出、叠化、跳跃剪辑、划像、急摇转场、遮罩转场等，如表 5-7 所示。

表 5-7 短视频的转场方法

转场方法	具体内容
淡入淡出	淡入淡出是镜头画面由模糊到清晰或由清晰到模糊的一种转场效果。画面由亮转暗，以至完全隐没，这个镜头的末尾叫淡出，也叫“渐隐”；画面由暗变亮，最后完全清晰，这个镜头的开端叫淡入，又叫“渐显”
叠化	叠化是一个镜头叠加到另一个镜头上的一种转场方法，可以表现时间的流逝，经常用在蒙太奇中，可以对同一镜头进行叠化（如人从年轻到老）
跳跃剪辑	跳跃剪辑是一种效果很突然的转场方法，主要使用的场景如角色从噩梦中惊醒、从大动作的画面转至缓和的画面
划像	划像也叫“扫换”，它也是两个画面之间的渐变过渡。在过渡过程中，画面被某种形状的分界线分隔，随着分界线的移动，一个画面逐渐取代另一个画面
急摇转场	急摇转场是无缝转场中拍摄期间最常用的一种转场方法，它可以从一个物体或者地方转至完全不同的画面，让视频的节奏自然流畅
遮罩转场	遮罩转场就是借助从镜头前擦过的前景物体，来展现另外一段画面，需要借助后期剪辑特效工具来实现

5.5.3 音乐的选择

画面和声音是一个完整的短视频的重要组成内容。好的背景音乐能够带动观众情绪，提升观感。但是选择合适的背景音乐却不是一件容易的事情，需要我们根据视频内容、视频的节奏来把握。那如何为短视频挑选背景音乐呢？需要掌握以下几种方法。

1．确定短视频主题风格和情感基调

短视频的主题风格和情感基调对我们选择背景音乐有着较大的影响。如果短视频主题风格是时尚类，那么我们就要寻找比较炫酷、流行的背景音乐。如果是剧情类短视频，那么我们就要根据剧情内容去选择。例如，生活类短视频适合舒缓的、有趣的音乐；悬疑类短视频则适合节奏紧张、气氛诡异的音乐。

2．分析短视频整体节奏

好的短视频作品需要短视频的整体节奏和背景音乐相匹配。因此短视频的背景音乐，需要我们根据短视频的节奏来选择。我们在确定音乐之前，可以先对拍摄的短视频素材进行粗剪。粗剪之后，我们先分析短视频整体节奏，寻找合适的背景音乐。最后再根据音乐节点来适当调整短视频的节奏。

3．加入合适的音效

在短视频制作中，音效能够配合剧情发展。音效的主要作用是配合剧情反转、加快或者减慢短视频发展节奏，多用于搞笑类短视频当中。短视频中常用的音效有“微信消息提示音”“惊讶”“笑声”等，我们在寻找音效时可以去专门的音效素材网站寻找。

4．利用音乐类App

我们可利用网易云音乐、QQ音乐等音乐平台，寻找热度比较高、在短视频平台比较火的音乐。此外，网易云音乐、QQ音乐等音乐平台都有配合短视频专门的歌单，我们可以通过搜索找到。

5.5.4　画面与音频的处理

对于画面与音频的处理，我们在剪辑过程中要注意以下3点。

1．画面节奏与音乐节奏匹配

如果画面中的节奏比较舒缓，那么我们选择快节奏的音乐就会显得非常不搭。而如果画面内容的节点和音乐的节点相匹配，就是我们通常说的“卡点”，会显得视频格调清晰、节奏鲜明。能够“卡点”的短视频有较强的代入感，非常有张力。

2. 背景音乐数量适中

短视频时长一般在几秒到几分钟不等。如果短视频画面内容丰富，时长较长，那么只用一种背景音乐就会显得枯燥。所以我们要根据短视频时长和内容来决定使用的背景音乐数量。

3. 背景音乐音量要适度

要避免出现背景音乐“喧宾夺主”的情况。背景音乐音量过大，不仅会覆盖人声，还会影响观众的观感。

5.5.5　短视频特效的制作

制作短视频特效可以利用短视频 App 自带的特效或后期特效制作工具完成。短视频中常见的几种特效包括卡通头套、分屏效果、炫酷转场、视频抠像以及魔法阵特效等。

1. 短视频 App 自带的特效

好的特效能够吸引观众的注意力，提升观众的观感。各类短视频 App 和剪辑软件都提供了较丰富的特效。以抖音短视频为例，抖音特效的添加方法有两种。

第一种方法是在拍摄过程中添加视频特效。在拍摄时，点击左下角“道具”按钮就会打开特效的添加面板。特效分为装饰、新奇、搞笑、滤镜、原创等几个部分，可以根据需求进行添加，如图 5-62 所示。

图 5-62　抖音短视频特效

第二种方法就是在剪辑过程中添加特效。这种特效添加方法在短视频 App 和专门的短视频剪辑软件中都能够实现。以快剪辑为例，在剪辑页面点击“特效”按钮，就会打开特效添加面板，有精选、光效、分屏、动感等几种特效类型供我们选择，如图 5-63 所示。

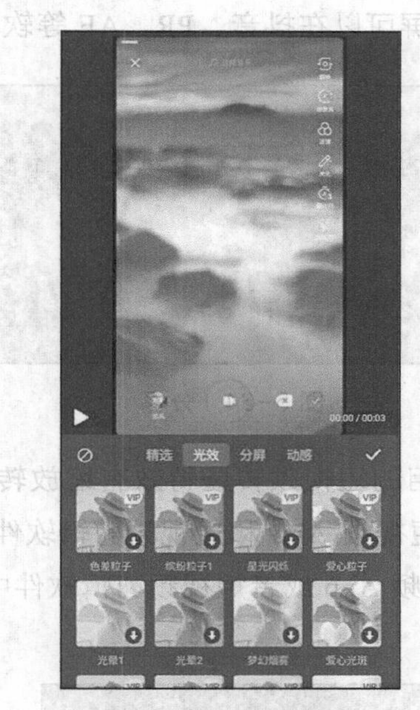

图 5-63　快剪辑短视频特效

使用短视频 App 和短视频剪辑软件添加特效是比较便捷的一种方法。这样省去了自己制作特效的麻烦，也为新手提供了一种添加特效的方法。但是，这种方法无法满足我们多方位的需求，在制作短视频的过程中，一些短视频 App 和短视频剪辑软件无法实现的特效，还需要我们自己制作完成。

2. 后期特效制作软件

后期特效制作软件是一种比较专业的特效制作软件。我们最常用到的后期特效制作软件是 Adobe After Effects（以下简称“AE”）。AE 功能较为强大，包含了较多的插件，能够实现绿幕抠像、摄像机跟踪、光影粒子、3D 立体文字、魔法阵等效果。不过使用 AE 制作特效比较复杂，需要专业人员去制作。

3. 短视频中常见的几种特效

短视频中常见的几种特效包括卡通头套、分屏效果、炫酷转场、视频抠像以及魔法阵特效等。

（1）卡通头套。卡通头套是在短视频中使用较多的一种特效，这类特效的使用方法较为简单。以抖音短视频为例，打开抖音 App，点击“道具”按钮，选择对应的头套即可。

（2）分屏效果。分屏有两屏、三屏、四屏、六屏等几种不同的效果类型，如图 5-64 所示，分屏可以在抖音、PR、AE 等软件中实现。

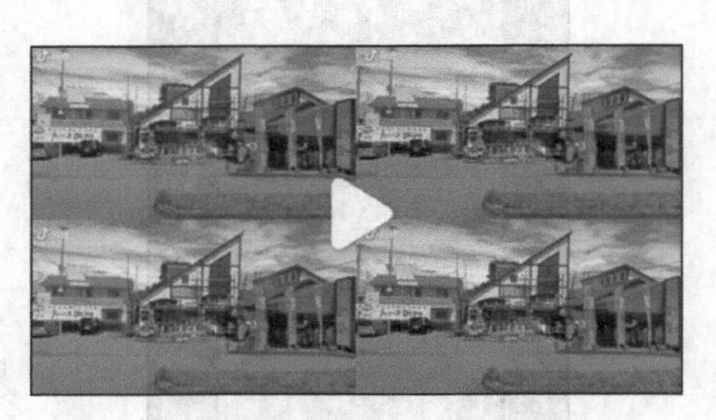

图 5-64　分屏

（3）炫酷转场。常用的短视频转场特效有缩放转场、模糊变清晰、旋转等，这些转场特效在短视频 App 和短视频剪辑软件中较为常见。不需要自己制作，只需要在短视频 App 或者短视频剪辑软件中添加即可，如图 5-65 所示。

图 5-65　转场

（4）视频抠像。视频抠像首先需要拍摄一段以纯绿色为背景的视频，再使用 AE 的 Keylight 进行绿色背景的抠图。视频抠像能将人物或者其他对象分离出来，将绿色背景变为透明，再更换为其他静态背景或者动态背景，如图 5-66 所示。除了 AE、PR 和巧影也能完成视频的抠像。视频抠像在短视频特效中使用比较广泛。

图 5-66　视频抠像

（5）魔法阵特效。魔法阵特效源于电影《奇异博士》，后被广泛模仿用于短视频制作中，如图 5-67 所示。魔法阵特效是用绘图软件（常见的有 Photoshop 和 Illustrator）对魔法阵进行绘制，后期在 AE 中制作完成，魔法阵靠个人制作难度比较大。如果要制作魔法阵特效可以套用模板，后期在 AE 中合成。

图 5-67　魔法阵特效

5.5.6　短视频字幕的添加

短视频基本完成之后就需要添加字幕，在添加字幕的过程中需要注意一些细节，同时还要了解不同的字幕添加方式。

1. 添加字幕要注意的问题

添加字幕要注意规避敏感词汇，字幕不能遮挡画面的关键区域，字幕颜色与视频画面颜色要有区分，字幕内容需要清晰易辨认，字幕的字号大小应该与视频画面相配。

（1）规避敏感词汇。字幕中含有敏感词汇会违反短视频平台规范，如含有色情、暴力相关的词语。因此，我们在制作字幕时应该尽量避开这些词汇。如果没有办法规避，应当给敏感词打上马赛克，或者使用其他能够遮蔽敏感词的符号。

（2）字幕不能遮挡画面的关键区域。在添加字幕时，字幕不能遮盖人物面部，以及画面中的关键区域，图 5-68 所示的矩形框内部，以及视频标题和个人头像等区域，还应避免出现内容之间相互遮挡的情况。

图 5-68 字幕

（3）字幕颜色与视频画面颜色要有区分。我们在选择字幕颜色时，字幕颜色和视频画面颜色要求有较为明显的区分。例如，画面中人物的衣服是红色的，我们在选择字幕颜色的时候就要避开红色，不然会出现看不清字幕的情况。

（4）字幕内容清晰、字号大小合适。短视频内容中不乏一些涉及方言的内容，这时就需要我们通过字幕去辅助观众理解。如果短视频中带有方言内容，那么我们就要清晰化、规范化字幕。字幕的字号大小要合适，字号太小会看不清内容，字号太大会占据画面太多空间。

2. 字幕添加的方式

字幕添加的方式有两种，一种是直接添加字幕，另一种是语音生成字幕。

（1）直接添加字幕。直接添加字幕是我们常用的一种字幕添加方式。直接添加字幕操作简单，能在短视频 App、剪映、快影等手机剪辑软件，以及 Premiere、Final Cut Pro 等专业后期制作软件内完成。但是如果字幕过多，操作起来会比较麻烦。以使用剪映 App 添加字幕为例，剪辑完视频之后，点击“文字”按钮后再点击“新建文本”按钮就可以进行字幕的添加。剪映提供了多种字体、效果以及字幕颜色，非常便捷，如图 5-69 所示。

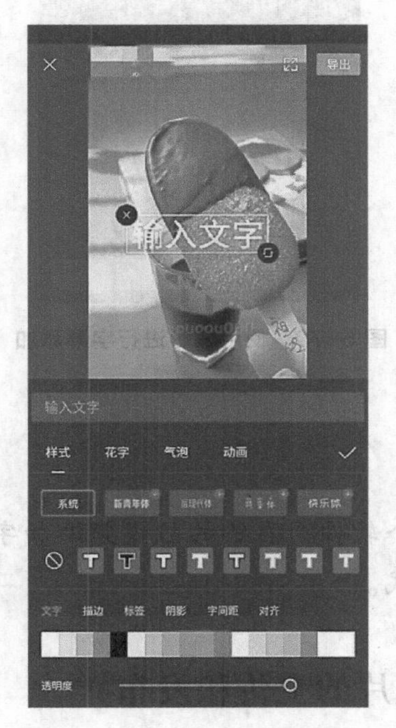

图 5-69　使用剪映进行字幕添加

（2）语音生成字幕。在后期制作字幕时，如果字幕过多，添加字幕会耗费一定的时间。一些 App，如快影提供了语音生成字幕的功能，能够轻松、快速地完成字幕的添加。除此之外，我们还可以直接利用输入法、备忘录语音转文字的功能，将我们的语音转化成文本，方便字幕的添加。

图 5-70 所示是使用快影添加字幕的示例，快影除了能够直接添加字幕外，还提供了语音转字幕的功能。快影的语音转字幕功能支持 3 种字幕来源，分别是视频原声、添加的音乐、添加的录音。使用语音添加字幕方便快捷，但是也会出现个别字词识别错误的情况，这时候我们就需要后期手动去调整。

图 5-70　使用快影进行字幕添加

课堂讨论

请读者选择一个软件为自己的短视频添加字幕，同时尝试两种不同的字幕添加方式。

5.5.7　短视频成片的上传和发布

短视频制作完成之后需要我们进行上传和发布，接下来将以抖音为例展开讲解。

步骤 1：进入抖音拍摄页面。点击抖音首页页面下方“+”按钮，如图 5-71 所示，进入抖音拍摄页面。

图 5-71　抖音首页页面

步骤 2：选择短视频成片。点击短视频拍摄页面下方的“相册”按钮，进入相册，选择短视频成片，如图 5-72 所示。

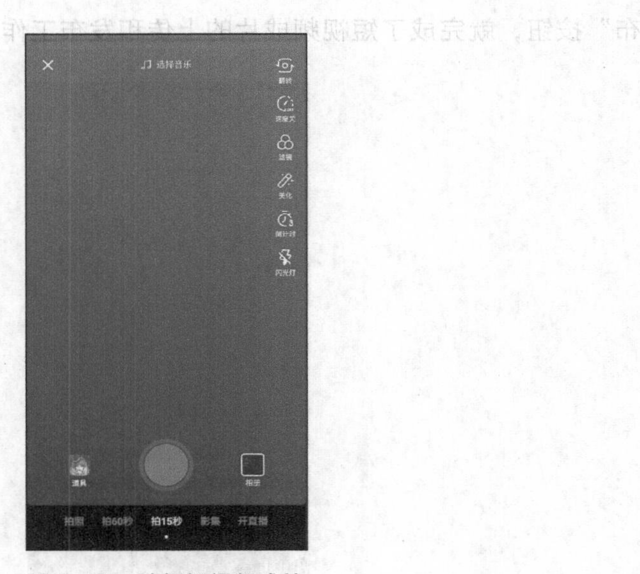

图 5-72　选择短视频成片

步骤 3：上传短视频。选择短视频成片之后，点击“下一步”按钮，进入短视频编辑页面，如图 5-73 所示，由于选择的是已经编辑好的短视频成片，因此不需要再次编辑，只需要点击“下一步”按钮即可。

图 5-73　抖音编辑页面

步骤 4：发布短视频。选择封面，填写话题标签、简介等内容后点击“发布”按钮，就完成了短视频成片的上传和发布工作，如图 5-74 所示。

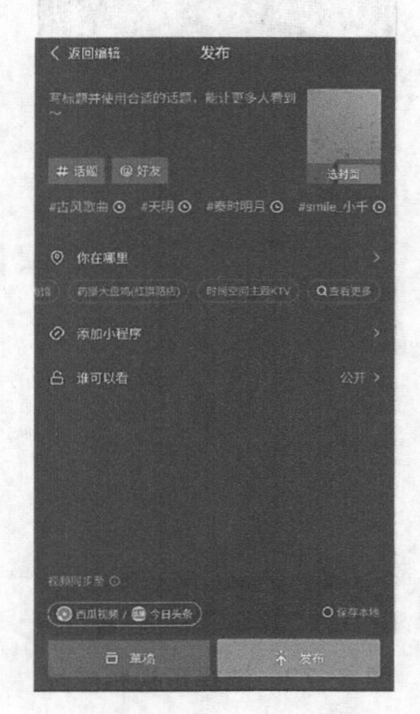

图 5-74　抖音发布页面

为了提高短视频的浏览量和关注度，可以将短视频上传到其他视频平台以及社交平台，包括优酷、爱奇艺、搜狐视频、微视、美拍、快手、微博、微信公众号、百家号、一点资讯、今日头条等。

5.5.8　案例分析

微信视频号的基本功能是发布内容，不同于其他短视频平台，微信视频号的内容发布既可以是短视频内容的发布，也可以是图片的发布。下面以短视频内容的发布为例，简单介绍一下微信视频号内容的发布流程。

步骤 1：打开微信视频号。按照“发现—视频号—右上角小人头像—我的视频号”的顺序操作，点击“发表新动态”按钮；或者进入自己的视频号主页之后，点击右上角“相机”图标，如图 5-75 所示。

图 5-75　打开微信视频号

步骤 2：选择短视频。选择“拍摄”或“从相册选择”，如果从相册选择，可以选择 300 秒以内的视频内容或者 9 张以内的图片，如图 5-76 所示。

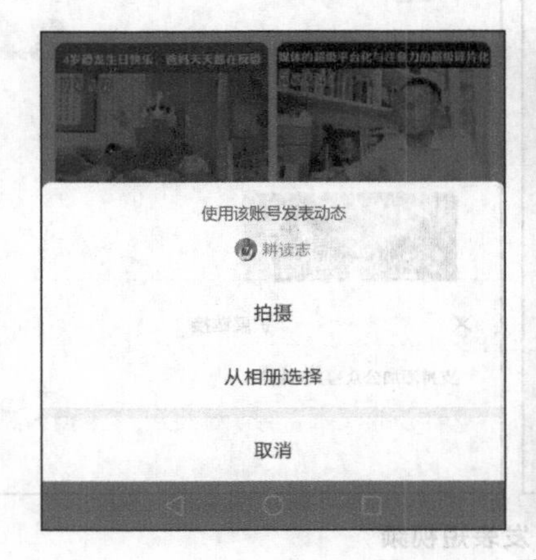

图 5-76　选择短视频

步骤 3：编辑短视频。对选择的视频内容进行编辑，如图 5-77 所示，在编辑结束后，点击“完成”按钮进入发表页面。

图 5-77　编辑短视频

步骤 4：发表短视频。填写发表短视频需要的一些基本信息，输入相应的文字，选择想要参与的话题，插入所在的地理坐标或位置，复制相关的公众号里的链接，如图 5-78 所示。

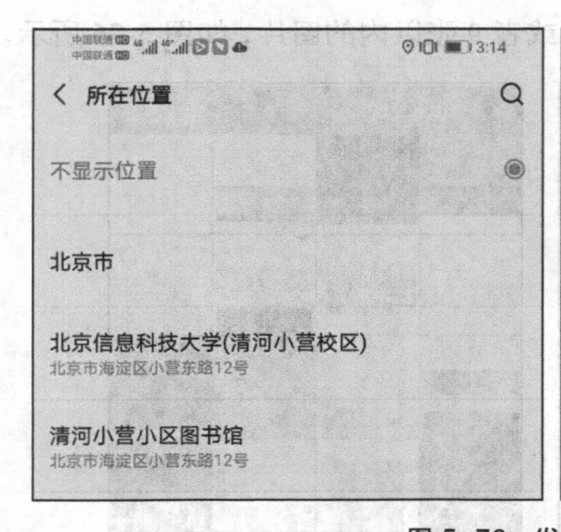

图 5-78　发表短视频

本章结构图

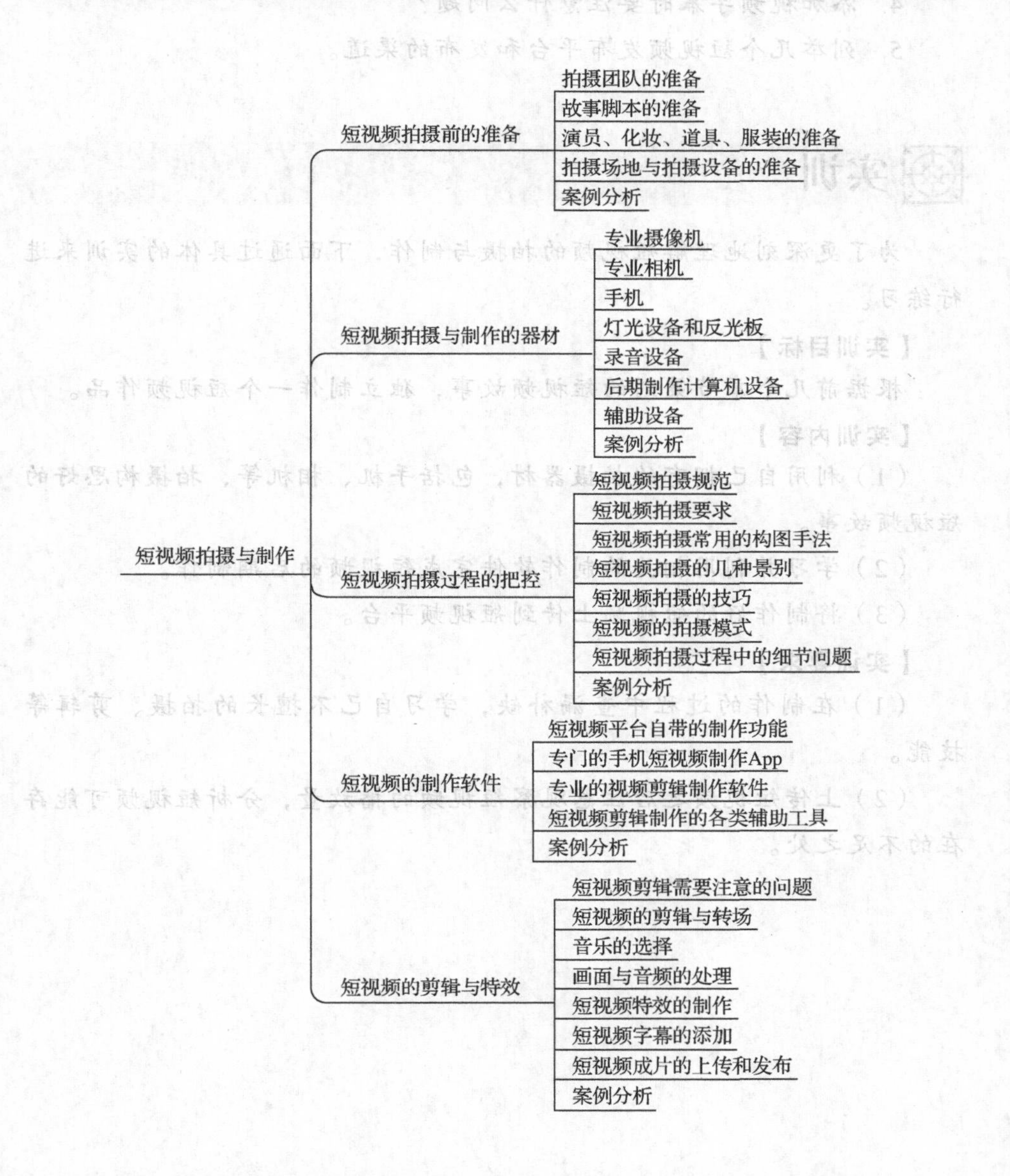

习题

1. 短视频拍摄团队主要有哪几种职能？
2. 常用的构图手法主要有哪几类？

3．常用的剪辑方法和转场方法有哪几种？

4．添加视频字幕时要注意什么问题？

5．列举几个短视频发布平台和发布的渠道。

实训

为了更深刻地理解短视频的拍摄与制作，下面通过具体的实训来进行练习。

【实训目标】

根据前几个章节策划的短视频故事，独立制作一个短视频作品。

【实训内容】

（1）利用自己拥有的拍摄器材，包括手机、相机等，拍摄构思好的短视频故事。

（2）学习并利用相关的制作软件完成短视频的后期制作。

（3）将制作好的短视频上传到短视频平台。

【实训要求】

（1）在制作的过程中查漏补缺，学习自己不擅长的拍摄、剪辑等技能。

（2）上传短视频之后注意观察短视频的播放量，分析短视频可能存在的不足之处。

第 6 章
短视频运营

【学习目标】

（1）了解短视频账号的注册、基本资料的填写、头像和展示页的设置以及账号的绑定认证等流程。

（2）了解短视频内容标题、简介写作规则，封面的选择以及发布时间、审核、分享等问题。

（3）了解短视频矩阵的价值，掌握短视频矩阵的运营策略。

（4）掌握短视频账号的引流、“涨粉”技巧以及社群经济的价值开发方法，学会与粉丝线上、线下互动。

（5）学会短视频与直播、电商、社交、文旅、餐饮、教育相结合的深度运营方法。

短视频运营的好坏决定着短视频账号的成败，只有持续地输出、互动、营销，才能将短视频账号越做越好。因此，短视频的运营不仅是简单地将短视频上传到相关平台然后发布，还包含了方方面面的内容和流程。本章将全方位地介绍短视频运营的流程、思路和方法，包括短视频账号的设置、内容的上传发布、粉丝的经营、矩阵的布局以及深度运营。

6.1 短视频账号的设置

在运营短视频账号之前，必须先完成账号的注册，并完善昵称、签名、头像、基本资料等信息，在此基础上进行账号的绑定与认证。本节将主要围绕抖音账号设置的几个步骤展开讲解。

在抖音创建一个短视频账号需要如下几个步骤，如图 6-1 所示。

图 6-1　抖音账号设置的步骤

6.1.1　步骤 1：注册登录

注册抖音账号比较简单，用户先在官网下载抖音 App，然后可以直接通过手机号码、今日头条、腾讯 QQ、微信、微博等方式注册登录。其中，用手机号码登录有两种方式：一种是本机号码一键登录（见图 6-2）；另一种是通过获取验证码的方式登录。

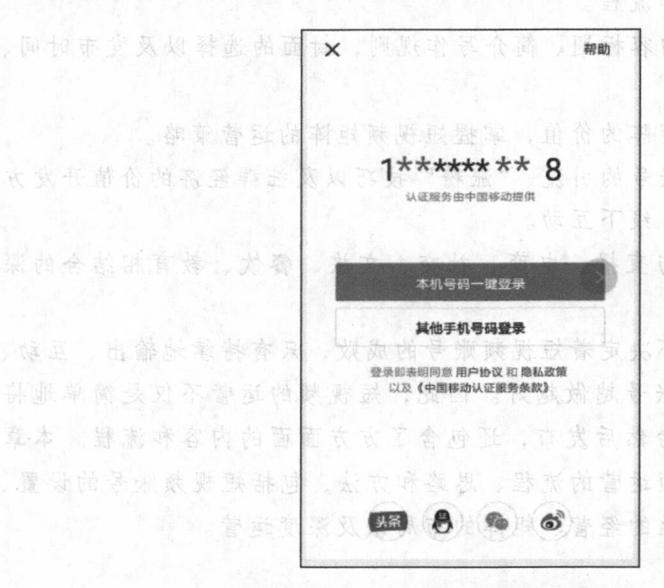

图 6-2　抖音账号登录界面截图

此外，通过今日头条、腾讯 QQ、微信、微博等授权也可以登录。需要注意的是，账号会在运营过程中逐渐升值，因此需要通过绑定手机号码、实名认证等方式保障账号安全。考虑到安全问题和后续的绑定、认证，建议使用手机号码登录方式。

6.1.2　步骤 2：填写基本资料

在抖音个人界面点击“编辑资料”按钮，进入资料编辑页面，如图 6-3

所示，开始填写账号的基本资料。账号的基本资料包括名字、简介以及其他信息，填写一个好的名字和简介对于吸引用户关注至关重要。

图 6-3 抖音资料编辑页面

1. 名字

名字应该通俗易懂、短小精悍。用户在看短视频的时候非常放松甚至懒散，一个简单且通俗易懂的名字，能够让用户大致了解账号的风格、内容，更有机会让用户关注这个账号。

2. 简介

简介是名字的延伸，由于字数限制而没有讲清的内容，由简介进行补充。简介需要与名字互相呼应，一个别出心裁的简介，能够引起用户的兴趣。

3. 其他信息

其他信息一般包括性别、地区、学校、生日等信息，还可以有选择性地在简介中展示自己的微博、微信公众号甚至手机号码等信息。

小贴士

尽管基本资料的完善有暴露隐私的风险，但是作为一个公开的短视频账号，通过让渡一部分隐私的方法来吸引用户、获得用户信任，还是值得且有必要的。

6.1.3 步骤 3：完善头像与展示页

在抖音个人页面点击头像和展示页上方的图片，将会弹出图片更换页面，如图 6-4 所示。短视频账号的头像、名字、简介都应是统一的，需要起到相辅相成的作用。

图 6-4 抖音头像与展示页编辑页面

1. 头像

账号的头像可以是短视频的角色人物形象，可以是重新设计的 Logo，也可以是短视频昵称的文字头像。总之，头像应该直接、干脆、通俗易懂，让用户一眼就能看懂并且记住。

2. 展示页

展示页是向用户展示短视频账号特色的重要渠道，这个页面一般都包含了名字、简介、粉丝数、作品以及封面等信息。

图 6-5 所示为抖音平台上的某汉服美妆账号展示页截图，这个页面展示了账号的一些基本信息，通过这些信息我们能够对该账号的风格和内容有大致的了解。此外，我们还可以上传具有个人特色的封面，展示账号特点，吸引用户关注。

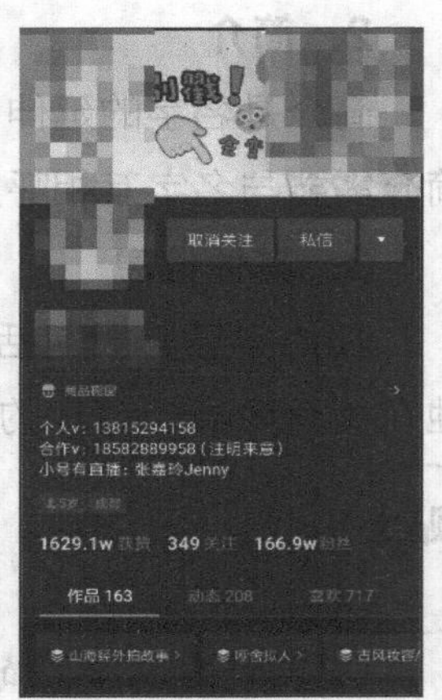

图 6-5 抖音平台某汉服美妆账号展示页截图

6.1.4　步骤 4：账号绑定与认证

短视频账号的绑定和认证不仅是为了保护账号的安全，还因为有些功能需要认证之后才能开通。以抖音平台为例，只有发布 10 个视频并且实名认证之后，其才能够注册电商橱窗功能。

1．绑定

短视频账号的绑定，一方面是指绑定手机号码，如果是通过手机验证登录，可以略过这一步；另一方面是与其他账号绑定，如抖音账号可以与今日头条、微博等账号绑定，这也是一种变相推广自己所拥有的自媒体账号的方法。

2．认证

（1）**实名认证**。为保障账号安全，如果要开通直播和收益提现等功能，需要先进行实名认证，一般的实名认证都比较简单，只需要提供身份证等信息，就可以快速完成。图 6-6 所示为抖音实名认证页面截图。

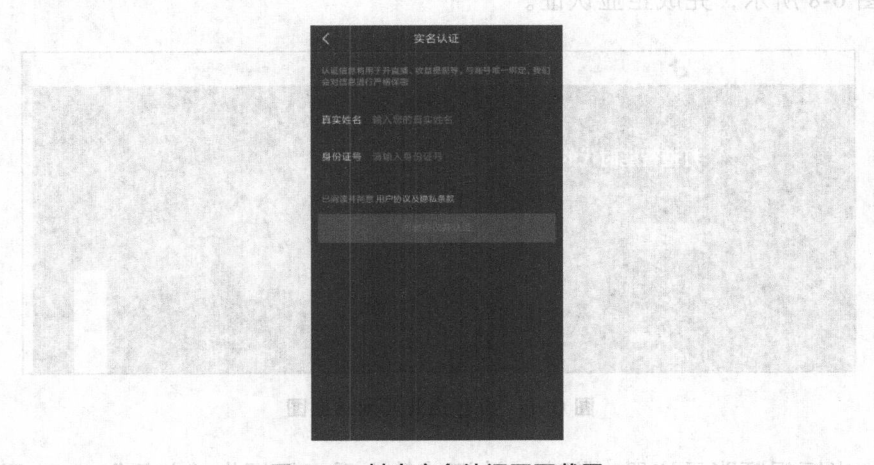

图 6-6　抖音实名认证页面截图

（2）**加 V 认证**。微博等新媒体平台都有加 V 认证，短视频平台也不例外。加 V 认证的账号，会让用户感到更加正式、更加官方。抖音分别有个人账号加 V 认证和企业账号加 V 认证。

个人账号要进行加 V 认证需要有一个加 V 认证的微博账号，通过绑定微博账号实现认证。此外，个人账号还可以申请美食自媒体认证和原创音乐人认证。其中，申请美食自媒体认证需除抖音外的平台粉丝量大于 50 万且抖音粉丝量大于 100 万；申请原创音乐人在需要在计算机端登录抖音音乐人网站，上传原创音乐，如图 6-7 所示，参与原创音乐人项目，上传音乐超过两首就会显示原创音乐人标识。

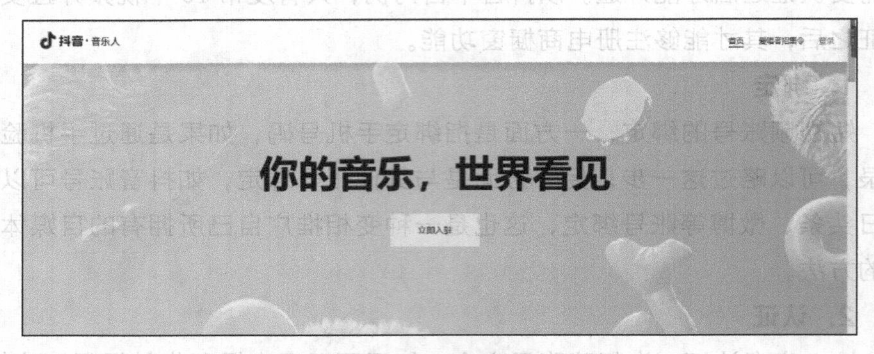

图 6-7　抖音音乐人网站截图

企业账号则需要先申请企业认证，通过计算机端登录抖音企业号网站，如图 6-8 所示，完成企业认证。

图 6-8　抖音企业号网站截图

当短视频账号注册、绑定、认证成功之后，最好先“养号”3～5 天。在养号期间，只看视频，不发视频，根据短视频账号的定位，关注一些头部短视频账号，观看相关类型的短视频，点赞、评论、分享短视频，从而增加账号的初始权重，为后期发布短视频做准备。

6.1.5　案例分析

以上关于短视频账号的注册、登录、资料编辑等问题，主要以抖音平台为例进行分析，本小节将围绕快手展开分析。

小贴士

快手是一款工具型软件，诞生于 2011 年 3 月。2012 年 11 月，快手从纯粹的工具应用转型为短视频社区，成为用户记录和分享生产、生活的平台。随着智能手机的普及和移动流量成本的下降，快手于 2015 年迎来发展高峰期。

快手的短视频账号创建步骤如图 6-9 所示。

图 6-9　快手运营短视频的步骤

步骤 1：注册登录。快手的注册登录方式多种多样，支持手机号、QQ、微信、微博以及邮箱注册登录，如图 6-10 所示。

图 6-10　快手注册方式

步骤 2：完善个人资料。填写个人昵称、个人介绍，修改个人头像和封面。与抖音类似，大家应该尽可能地完善个人资料，让用户更多地了解博主的信息，这有利于引起用户的注意，也有利于信任关系的建立。

步骤 3：用户认证。如图 6-11 所示，快手的用户认证包括个人认证、机构认证和企业认证。

个人认证：社会公众人物以及其他具备一定知名度的个体的认证。

机构认证：以内容生产为主的媒体、国家机构、团体、工作室等社会知名机构的认证。

企业认证：知名企业的认证，用于企业品牌推广，可享受更专业的服务。

图 6-11　快手用户认证页面截图

步骤 4：上传短视频。点击摄像机图标，在弹出的拍摄页面点击“相册”按钮，批量选择拍摄好的短视频进行上传，如图 6-12 所示。

图 6-12　上传短视频

步骤 5：填写短视频基本信息。填写标题、简介、话题、位置等信息，填写完成后单击“发布”按钮，如图 6-13 所示。

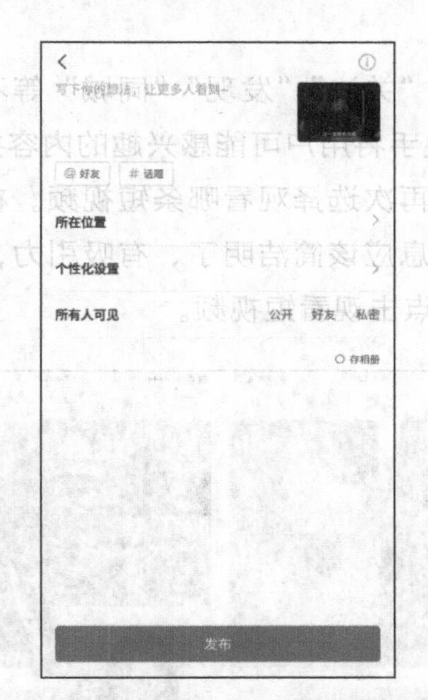

图 6-13　填写短视频基本信息

6.2　短视频上传发布的注意事项

要想成功运营好短视频账号，就不能像日常发朋友圈一样随意，需要全方位地关注短视频标题、简介、封面、标签、发布时间等因素。

短视频上传发布的注意事项

6.2.1　短视频的标题与简介

当前很多短视频平台都利用了算法推荐机制，但不同平台的推荐机制有所不同，且各平台的播放形式也不同，大体可以分为“滚动播放”和“瀑布流”两种类型，代表平台分别为抖音和快手，接下来将针对这两个短视频平台来分析短视频标题与简介的不同之处。

1. 抖音平台

在抖音的算法推荐机制下，标题和简介的功能不只是吸引用户注意力和概括短视频内容，更重要的是“告诉”算法这条短视频应该推荐给哪部分用户。在这种类型的短视频平台中，标题和简介的信息应该尽可能详细。大家还可以结合热点信息，利用算法将短视频内容推荐给更多的用户。

2. 快手平台

快手主要通过组合“关注”“发现”“同城”等不同的板块数据进行推荐，如图 6-14 所示。快手将用户可能感兴趣的内容推荐给用户，然后让用户根据自己的兴趣爱好再次选择观看哪条短视频。在这种类型的短视频平台中，标题和简介的信息应该简洁明了、有吸引力，需要在短时间内引起用户的注意，吸引用户点击观看短视频。

图 6-14　快手的“关注”和“发现”界面截图

6.2.2　短视频作品封面的选择

很多短视频平台的作品都是从短视频内容中选择关键帧，用文字、滤镜等进行简单修饰之后，将其设置成为短视频封面。如果短视频内容中没有适合的关键帧作为封面，也可以重新制作一张图片，将其设置为封面。下面将针对不同类型的短视频平台的作品封面选择展开分析。

1. 快手型短视频平台

快手型的短视频平台需要用户主动选择是否观看短视频内容，只有具有吸引力的封面，才能引导用户点击观看，因此对于封面有较高的要求。

（1）**内容信息**。封面应该与内容有关，同时能够引发用户的兴趣和好奇心，让用户能够通过封面了解短视频的大概内容及重点，吸引用户主动观看。例如，美妆类短视频可以将妆前和妆后的对比图设置为封面，不仅能够吸引对美妆感兴趣的用户，还可能因为妆前妆后的巨大差异，吸引那些对美妆不太感兴趣的用户观看。

（2）画面色彩。高饱和度、高对比度以及明亮的内容更有机会在众多封面中脱颖而出，也更能让用户产生眼前一亮的感觉。

2. 抖音型短视频平台

抖音型的短视频平台用户处于被动接受短视频推送的状态，用户不需要根据封面来选择是否观看，因此对封面的要求较低。但是统一的封面风格，可以促使喜爱此类风格内容的新用户迅速成为精准用户，有利于高质量用户的沉淀，也有利于用户黏性的提升。

6.2.3 短视频标签的设置

文章标签是作者自己设置的，因此能够弥补由于算法识别不精准而导致的标签错误问题。标签的设置也是有技巧的，如图 6-15 所示。

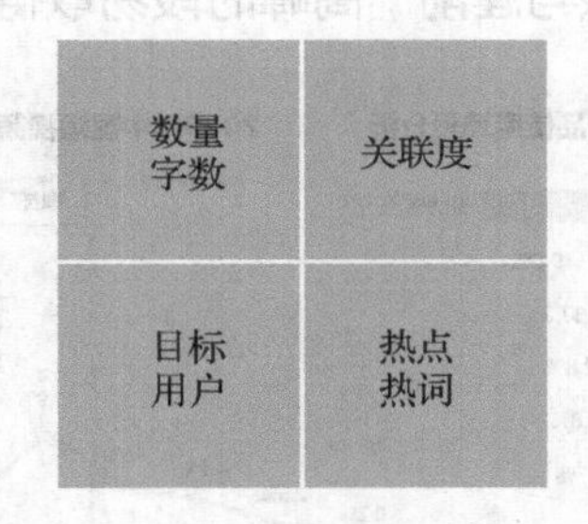

图 6-15 短视频标签的设置

1. 数量和字数

短视频的标签个数以 6～8 个为最佳，每个标签的字数为 2～4 字。标签太少不利于平台的推送和分发，太多会淹没重点，错过核心粉丝群体。

2. 关联度

标签的内容要契合视频内容，这也是设置标签的首要前提。例如，发布美妆类视频，那么标签必然要属于美妆这一范畴，而不能发散到美食、美景等领域。

3. 热点热词

热点事件之所以能成为热点，是因为有千千万万的网民在关注。因此，在视频中加入热点、热词的内容，同样会提高视频的曝光率，从而获得更多推荐。

4. 目标用户

设置标签的目的就是找到短视频的核心受众群体，从而获取较高的点击率。在标签中可以体现目标人群，从而正中靶心，将视频直接投放到核心受众群体中。

6.2.4 短视频发布时间的确定

图 6-16 所示为艾瑞咨询发布的《2019 中国短视频企业营销策略白皮书》，从图中可以发现，用户使用短视频产品普遍处于于睡前、间歇场景，与使用场景相对应，18:00—22:00 是短视频产品高峰观看阶段，其次是 12:00—14:00。

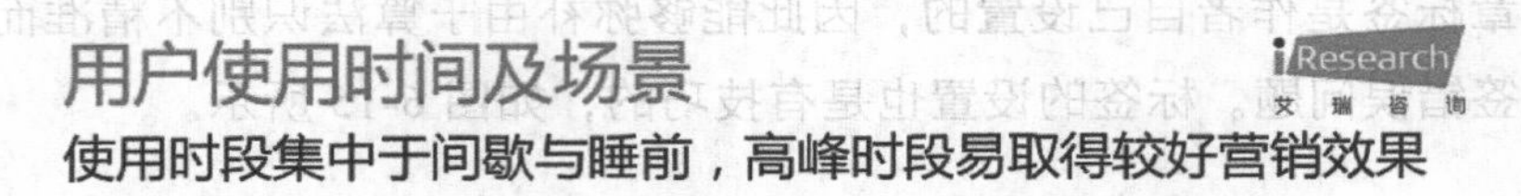

图 6-16 《2019 中国短视频企业营销策略白皮书》

虽然用户使用短视频产品集中在某一时间段，但是对于发布者来说，这些时间点仅作为参考，并不需要严格按照这个时间点来发布短视频。

在确定发布时间前，我们需要了解短视频的精准用户，了解他们可能会在哪些时间点看短视频，依据短视频类型和用户特点来确定发布时间。例如，情感类短视频适合在 21:00—23:00 发布，励志类短视频适合在 8:00—9:00、12:00—14:00 发布。

在确定发布时间之后，我们需要养成习惯，每天都在固定时间发布短视频，一周更新一次或者几次，即在保证高质量的前提下固定更新时间和次数，以培养用户观看习惯，从而提升用户黏性。

6.2.5　短视频内容的审核程序

目前短视频的审核一般都会有初审和复审：初审主要审核不合法的、不健康的内容；复审除了对初审的内容进行再次审核之外，还有控制各类内容流量获取的作用，即对产品调性进行把控。

初审：短视频在初审的时候一般不会分配流量，因为如果有安全问题，会产生很大影响。

复审：在复审的时候，短视频通常就会获得“随机流量”，然后开始“赛跑”，表现优异的短视频会获得越来越多的流量；当然也会有一些注重内容运营的平台，手动将符合调性的内容挑出，打造自己想要的社区，在这方面做得很好的范例就是抖音了。

审核规则：审核常见的负向操作有不上热门、删除、仅自己可见、降权、封禁等，并区分平台操作和用户操作。

一般情况下，审核会在几分钟内完成，但由于机器和人工状态的不同，部分作品的审核时间可能会有长短差异。

此外，评论违规也是比较严重的问题。短视频博主需要定期查看评论区是否有违规评论，若有需及时删除。

6.2.6　发布后的短视频内容分享

一个短视频平台的用户流量有限，想要吸引更多用户的关注，就需要将短视频分享到其他平台，从其他平台引流。

1. 发布到其他短视频平台

一个最直接的吸引流量的方法是直接将短视频发布到另一个短视频平台。将同一条短视频同时在抖音、快手、微视、秒拍、美拍等平台发布，尽可能地提高短视频的播放量和关注度。

2. 同步到关联平台

将短视频平台的内容同步到关联平台。以抖音和今日头条为例，今日头条作为字节跳动旗下的 App，与抖音有很高的关联度，大家可以直接将抖音短视频同步到今日头条，提高短视频的曝光度，吸引更多的用户观看短视频。

3. 分享到其他社交平台

尽管短视频平台在近年来发展得很好，但是微博、微信公众号等平台的流量依然非常庞大，尤其是微博作为开放的社交平台，有很大的机会能导流一部分用户到短视频平台上。因此，将短视频上传到短视频平台的同时，可以将其分享到社交平台上，利用社交平台的流量提高短视频的人气和关注度。

6.2.7 案例分析

2019 年 7 月 29 日，央视新闻官方微博推出了梳理当天重点新闻的短视频栏目《主播说联播》。在当日发布的 66 秒竖屏短视频中，康辉走出《新闻联播》演播厅，用一句“该高大上绝不低姿态，该接地气也绝不端架子”开启了《主播说联播》。这个短视频栏目密切关注热点，结合当天重大事件和热点新闻，用通俗语言传递主流声音。

在《主播说联播》中，康辉、海霞、刚强、欧阳夏丹、李梓萌等新闻联播主持人坐到《新闻联播》的演播厅进行风趣幽默的演讲。2019 年 8 月 16 日，《新闻联播》微信公众号正式上线；8 月 24 日，《新闻联播》开通快手号；同天，《新闻联播》正式开通抖音号。8 月 25 日，《新闻联播》在快手上首次尝试同步直播。图 6-17 所示为《新闻联播》官方快手号视频截图。

图 6-17 《新闻联播》官方快手号视频截图

通过分析《主播说联播》发布的平台可以发现，这系列短视频借用多个互联网平台，将《新闻联播》片段经过剪辑放在 bilibili、抖音、快手、微信、微博、喜马拉雅等平台发布，并且根据不同的媒介传播特征和观众接受习惯进行二次创作和传播，将《主播说联播》推送到不同类型平台，推荐给不同类型的用户，以实现最大限度的引流。图 6-18 所示为 bilibili《主播说联播》栏目页面。

图 6-18　bilibili《主播说联播》栏目页面

6.3　短视频“粉丝”的经营

如何提高短视频的曝光度？如何增加粉丝数量？如何与粉丝进行互动？如何提高粉丝的忠诚度？这些问题对于短视频运营十分重要。

短视频粉丝的经营

6.3.1　短视频账号的引流方法

提高短视频账号的关注度、增加短视频账号的粉丝数量对于短视频运营非常重要，下面介绍几种短视频账号的引流方法。

1. 转发引流

一条高质量、有价值、有意义的短视频能够吸引用户自发地将短视频转发、传播出去，此外，在短视频结尾处增加“快转发给自己喜欢的人吧”“快快分享给好友吧”之类的文字，能够进一步强化转发和传播效果，利用人际传播为短视频账号引流。

2. 评论引流

我们可关注相关领域比较热门的短视频账号，在对方短视频发布之初抢先留下评论，一旦对方的短视频火了，自己短视频账号的关注度也会提高。换句话说，热门短视频账号的粉丝也是自己短视频账号的潜在粉丝。

3. 自费引流

自费引流简单来说就是付费给短视频平台，在自然算法的基础上增加精准推荐的曝光度。以抖音的DOU+为例，这是一款视频加热工具，购买并使用后，可将视频推荐给更多感兴趣的用户，提高视频的播放量与互动量。图6-19所示为DOU+介绍页面。

图6-19　DOU+介绍页面

6.3.2　短视频账号的“涨粉”技巧

“涨粉”不仅是为了提高短视频账号的知名度，还因为有些功能需要有一定数量的粉丝才能开通。例如，有的平台只有达到1000粉丝才能注册1分钟长视频权限。所以说，掌握短视频账号的“涨粉”技巧十分重要。

1. 通过内容“涨粉”

一条能够吸引用户关注的优质视频是吸引粉丝的最直接方法，此外，在短视频结尾处再次简短地介绍短视频账号，或者请求关注短视频账号，也能够起到为短视频账号“涨粉”的作用。

2. 通过签名“涨粉”

短视频的推荐机制和“短、平、快”的特点，一定程度上导致短视频用户都比较“懒”，他们享受观看短视频的过程，但在很多情况下不会主动关注某一账号，这就需要短视频账号时时刻刻提醒用户“请关注我吧”。当用户对某一账号产生兴趣时，短视频账号的个人签名就能够起到吸引关注的作用。

3. 通过互动“涨粉”

私信和评论为短视频账号与用户之间提供了一个很好的沟通渠道，积极回复评论、私信，能够加强与用户之间的互动，提升用户对短视频账号的好感，被回复的用户也有可能进一步成为忠实粉丝。

6.3.3 短视频达人与“粉丝”的互动策略

与粉丝互动主要是为了维护粉丝，把陌生用户变成忠实粉丝，提高粉丝的忠诚度，增加忠实粉丝的数量，为后续的持续引流和变现奠定基础。在这里提出短视频达人与粉丝互动的几个策略，如图 6-20 所示，包括私信互动、提出问题、设置悬念、回复评论、小号评论等。

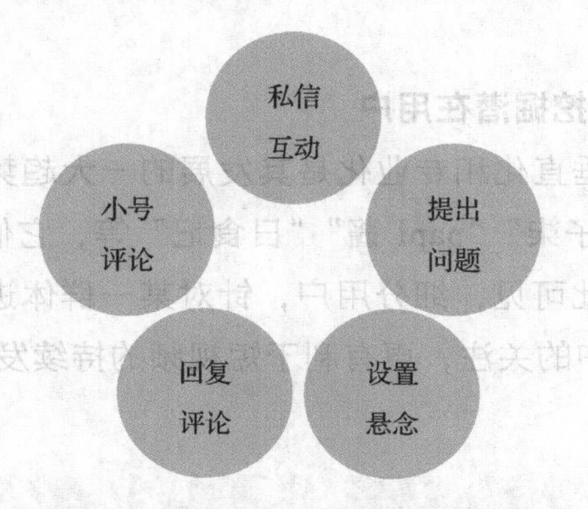

图 6-20 短视频达人与粉丝互动的策略

（1）**私信互动**。回复粉丝或其他用户的私信能够加强与粉丝之间的联系。

课堂讨论

请读者学习其他短视频博主的互动方式，与自己的粉丝互动。

（2）**提出问题**。在短视频中增加互动问题，可以在短视频标题中提出问题，也可以在短视频中提出问题，不管方式如何，所提问题需要具有一定争议，能够引导用户参与讨论，从而增加评论量。

（3）**设置悬念**。将一个较长的视频分集播出，在结尾处留下悬念，告诉用户“答案就在下一期视频当中”，可以吸引有好奇心的用户主动浏览主页，查看下一期视频。

（4）**回复评论**。积极回复用户评论，与用户进行互动，提高用户的评论互动热情。

（5）**小号评论**。用小号在评论区撰写能够引起共鸣的评论，引导用户关注和讨论。

6.3.4 短视频社群经济的价值开发

短视频作为近年来比较热门的互联网传播形式，拥有十分庞大的用户和流量，但是流量红利随着短视频平台的增加已经变得越来越少，很多短视频平台也面临着变现困难等问题，短视频的社群化运营为其价值开发提供了新的思路。

1. 用户细分，挖掘潜在用户

短视频内容的垂直化和专业化是其发展的一大趋势，回顾比较成功的短视频 IP，如“李子柒”“papi 酱”“日食记”等，它们都是专注某一领域的短视频类型。由此可见，细分用户，针对某一群体进行垂直化的短视频生产，更能获得用户的关注，更有利于短视频的持续发展。

课堂讨论

请读者找几个定位与自己相近的短视频博主，分析该博主是如何挖掘潜在用户的。

2. 用户互动，提升用户黏性

社群经济的用户是具有高度认同感和凝聚力的群体，因此，与用户之间的联系和互动就变得非常重要。在短视频平台，我们可以通过短视频内容、评论、私信等渠道与用户交流，如根据用户的私信或评论留言，制作相关的短视频，提升用户黏性。

3. 用户生产，提高内容数量

用户主动生产内容能够最大限度地提高其参与性和忠诚度，将短视频素材开放给用户能够激发用户的模仿和创作欲。此外，快手、抖音等短视频平台都可以使用“拍同款”“拍同框”的功能，如图 6-21 所示。

图 6-21　快手短视频平台“拍同款”“拍同框”的功能

6.3.5　线上线下相结合的运营趋势

线上与线下运营相结合是一直以来的趋势，也是在移动互联网时代提升销量的有效手段。例如，海底捞、CoCo、答案茶、快乐柠檬等品牌与短视频的结合都使线下销量倍增。图 6-22 所示为答案茶抖音短视频截图。这是一杯能够给出答案的奶茶：用户将问题写在杯子腰封上，奶茶做好后，店员在拉花机摄像头前扫描该问题，让拉花机把问题的答案印在奶茶奶盖上，之后店员再加杯盖，套上腰封。

图 6-22 答案茶抖音短视频截图

6.3.6 案例分析

海底捞的经营以及其短视频的运营是很成功的粉丝经营案例。海底捞品牌于 1994 年创办于四川简阳，自 1999 年起逐步开拓了西安、郑州、北京等市场。截至 2020 年 6 月 30 日，海底捞在全球开设 935 家直营餐厅。图 6-23 所示为海底捞官网主页截图。

图 6-23 海底捞官网主页截图

海底捞依靠短视频平台发动用户自产 UGC 内容获得了极大的成功，截至 2020 年 9 月，抖音“海底捞”话题下有超过 18 万条短视频，超过 88 亿次播放量，这些短视频大多以海底捞顾客的视角，对海底捞的食物和服务进行了记录。其中，点赞量最高的短视频有超过 249 万的点赞，7.3 万条评论，9.6 万次转发，如图 6-24 所示。短视频展示了海底捞的定位，能够更精准地将短视频推荐给目标用户，吸引当地用户前去海底捞就餐。

图 6-25 所示为海底捞在抖音平台的官方账号，可以发现，海底捞官方账号并没有多少“粉丝”，也没有发布任何作品。由此可见，海底捞在短视频平台的爆红主要依靠的是 UGC 创作，利用用户自发进行短视频创作，提高了海底捞的影响力，使其在新的流量平台上实现了社交裂变。

图 6-24　海底捞的短视频营销

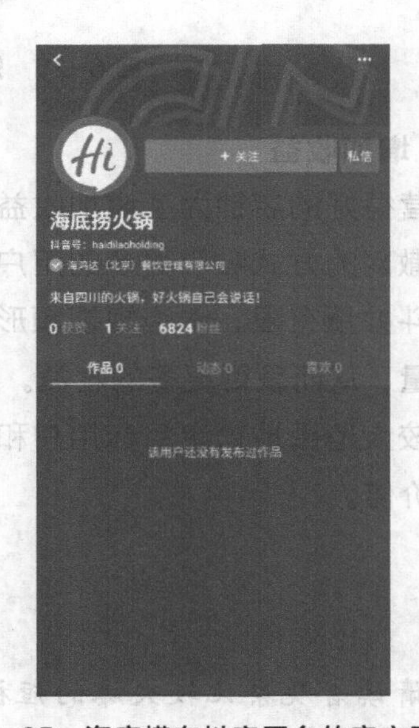

图 6-25　海底捞在抖音平台的官方账号

6.4 短视频矩阵的布局

短视频矩阵针对用户的附加需要提供更多服务多元化短视频渠道运营方式，以增加自身影响力、获取更多的粉丝为手段，将“粉丝”导流到某一短视频上，以实现变现这一最终目的。

短视频矩阵的布局

6.4.1 短视频矩阵的价值

短视频矩阵的价值包括增加收益、降低风险、细分用户、提高品牌价值，如图 6-26 所示。

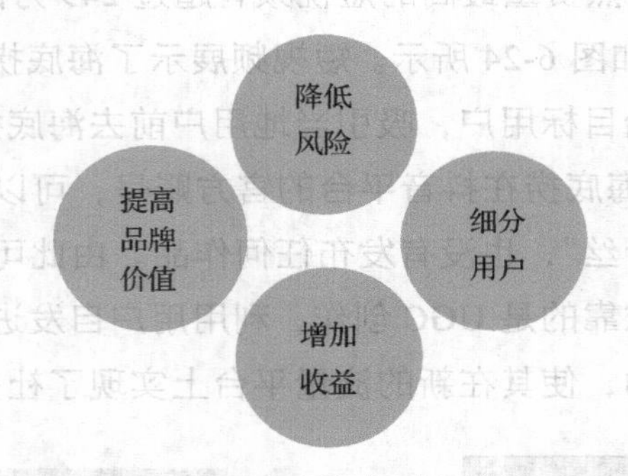

图 6-26 短视频矩阵的价值

1. 增加收益

运营得好的店铺为了增加收益会开更多的连锁店，对于短视频来说，通过广撒网的方式吸引更多的用户，也是一个很重要的手段。一个短视频单打独斗力量有限，十个短视频形成的短视频矩阵更有希望吸引用户和更多的流量，从而获得更多的收益。此外，通过建立垂直领域的短视频矩阵，也能够较大范围地锁定目标用户和粉丝群体，从而吸引更多的用户，创造更大的价值。

课堂讨论

请读者观察比较火爆的短视频 IP，收集该 IP 的所有短视频账号，分析其是如何获得收益的。

2. 降低风险

“不要把鸡蛋放在一个篮子里”，短视频运营也是如此。一个短视频账号很可能会面临违规、限流、封号等风险，当一个账号被封时，其他账号还能够继续运营，这时短视频矩阵的价值就突显出来了。

3. 细分用户

在任何一个平台，评判一个账号的价值，除了要看它本身的粉丝数量，还要看转化效果。用户越细分垂直，账号的价值越高。矩阵的出现，使短视频既可以兼顾大类（如美食），也可以在大类的基础上进行细分（如川菜、粤菜、鲁菜），多管齐下，让每一个粉丝的价值最大化。

4. 提高品牌价值

通过在各个平台做地毯式推广，可以让短视频账号和作品无处不在，进一步拓展目标用户粉丝群体，提高短视频的品牌知名度和影响力，从而提高品牌价值。

6.4.2 一次拍摄、多次开发、N次输出

一条短视频的拍摄会耗费大量的人力、物力，为了获得最大价值，我们需要对拍摄的视频进行多次开发、N次输出。

1. 一次拍摄

“一次拍摄”即一次拍摄出比较全面的素材，拍摄出多个景别、机位、角度等不同的视频素材，完成素材的积累，减少后期补拍的问题。

2. 多次开发

“多次开放”也就是利用前期拍摄的大量素材，经过重新剪辑，将故事剧情打乱，形成几个全新的故事。

课堂讨论

请读者找出自己过往拍摄的短视频，重新剪辑，创作另一个全新的故事并发布，对比新旧短视频的各项数据有何差别。

3. N次输出

“N次输出”即对短视频账号进行持续的维护，利用同一素材的多次开发，完成多次的内容输出。这里的输出可以是对同一个短视频的再次上传，一些短视频平台的推荐算法有时候会挖掘出较老的优质视频，所以对于一些早期的视频，我们不能置之不顾，还需要持续转发和评论，维护或重新激发这条短视频的热度。因此，可以挖掘原有的爆款或者冷门的优质短视频，隔一段时间重复上传，如图6-27所示，这些博主都将同一短视频重复上传。

但是，那些重复上传的相同的短视频，能爆红的概率很低。所以，多

次输出的短视频最好是经过优化的，可以是对标题文案的优化，也可以是对封面的优化，还可以是对内容的重新剪辑。

图 6-27 重复上传短视频的博主

6.4.3 建立矩阵账号的要求

对于矩阵账号的建立，除了用小号进行备份外，其他账号之间应该有所差异，即建立多样化、差异化的矩阵账号。

1. 深耕垂直领域

垂直细分短视频账号是一种常见的建立矩阵账号的方式。例如，时尚类短视频可以细分为服装领域、美妆领域、配饰领域等，电影类短视频可以分成搞笑类、情感类、科幻类等。

2. 区分目标用户

男、女、老、少，不同的用户有不同的兴趣爱好，因而短视频账号也需要根据目标用户群体不断进行调整。例如，面向年轻用户的短视频账号，应该轻松活泼，紧跟潮流；面向老年群体的账号则应该通俗易懂，同时也更加实用。

3. 固定视频形式

十几秒还是几分钟，以动画为主还是以真人为主，或者以自然风光为主，这些都是短视频的不同展现形式。根据同一个短视频故事脚本，可以制作出不同类型的短视频内容。

6.4.4　矩阵的协同效应

协同效应可分外部和内部两种情况：外部协同是指一个集群中的企业相互合作、互惠互利；内部协同指企业内部共同利用同一资源而产生的整体效应。

小贴士

协同效应（Synergy Effects）是德国物理学家赫尔曼·哈肯（Hermann Haken）提出的概念，简单地说，就是“1+1>2”的效应。

对短视频来说，矩阵的协同效应指的是围绕一个短视频 IP，以多个账号的方式形成矩阵。每个账号对应不同用途，同时为某一主体服务，以适应这一主体对短视频特性的多种使用环境。图 6-28 所示为 papitube 旗下的短视频账号。

图 6-28　papitube 旗下的短视频账号

在 papitube 旗下的短视频账号中，除“papi 酱”之外，“玲爷”“itsRae”“无敌灏克”“网不红萌叔 Joey”等账号的关注度位居前列，截至 2020 年 11

月 6 日，上述账号在抖音的粉丝数分别为 1750.6 万、1231.1 万、1223.2 万、1031.6 万，获赞数分别为 2.5 亿、5697.6 万、2.3 亿、2.2 亿，这些短视频账号由不同的团队和组别负责，都有自己独一无二的风格，同时也协同提高了 papitube 的影响力。

6.4.5 短视频矩阵的运营策略

短视频矩阵的运营策略主要有 3 个：导流小号、深耕垂直领域、多平台运营。

1. 导流小号，打造短视频矩阵的安全腹地

通过建立小号来导流，有利于打造短视频矩阵的安全腹地，即使大号被限流或封号也不至于太过被动。如果是一个团队，还可以多建立几个小号，从大号导流到小号，最大限度地保留粉丝备份。

2. 深耕垂直领域，打造细分领域的短视频账号

通过打造垂直内容领域的短视频账号，能够建立一个更庞大的矩阵。如果是美食类的短视频，可以建立垂直于美食的矩阵内容，如粤菜、川菜、鲁菜等。

3. 多平台运营，扩大短视频矩阵规模

在短视频矩阵初具规模的基础上，可以在多个平台同时运营，扩大矩阵规模。短视频平台目前有很多，除了抖音，还有快手、西瓜视频、抖音火山版、微视等。图 6-29 所示为部分短视频平台 Logo，这些平台都可以按照以上两种方式不断扩充。

图 6-29 部分短视频平台 Logo

6.4.6 案例分析

新片场于 2012 年成立，是国内领先的新媒体影视内容出品发行平台，先后获得九合创投、阿里巴巴集团、红杉资本等多家机构的投资，累计融资金额上亿元。2015 年 12 月 4 日，新片场作为新媒体影视领域首家平台型公司登陆新三板，成为国内新媒体影视第一股，同时，新片场推出“能量计划”，扶植优秀创作人，致力于让作品加速诞生。

新片场采用的是典型的多频道网络（Multi Channel Network，MCN）运作模式，截至 2018 年 6 月，已有 180 多个短视频 IP 内容品牌成员，累积观看放量超过 130 亿，累计粉丝量超过 3 亿，服务客户 300 多家，社区内创作人涵盖了国内新生代影视创作力量，用户人群包括导演、制片人、剪辑、摄影、演员等，作品包括电影、电视剧、网络电影、网络剧、短视频、微电影、商业电视广告（Television Commercial，TVC）等。图 6-30 所示为新片场官网主页截图。

图 6-30 新片场官网主页截图

新片场的成功之处在于对具有潜力的新人创作者的挖掘，如《造物集》就是从社区孵化的短视频作品。最初，有工作人员在社区运营中发现了一对夫妻创作者上传的手作视频内容，但作品本身的拍摄技术和整体呈现还有待提高，于是新片场安排了专业的团队协助完善视频，帮助创作者形成独特风格，图 6-31 所示为《造物集》主页截图。

图 6-31 《造物集》主页截图

6.5 短视频的深度运营

如今，短视频行业已经具有一定规模，短视频的优势和潜力逐渐被越来越多的人所发现。在这一节，我们将针对不同领域分析短视频的深度运营，如“短视频+直播”“短视频+电商”“短视频+社交”“短视频+文旅”“短视频+餐饮”“短视频+教育”等。

6.5.1 短视频+直播

从 2011 年快手成立起，短视频行业便开始了跌跌撞撞的发展之旅。随着智能手机和移动互联网的普及，移动端游戏直播兴起，将视频直播的主战场从计算机端转移到了移动端。2016 年被誉为“中国网络直播元年”，该年的“千播大战”名噪一时。

小贴士

据《2016 年度中国直播行业热度分析报告》不完全统计，2016 年我国直播平台有近 200 家，但下载量达千万的只有 28 家。

短视频与直播行业经过一段时间的发展之后，几乎同时于 2017 年达到顶峰，但也同时进入瓶颈期，开始面临发展转型压力。在这种情况下，短视频与直播逐渐出现了融合发展的趋势，抖音、快手等短视频 App 积极开设直播功能，进一步加速直播行业的内部洗牌。

如今，快手和抖音等短视频平台的直播功能已经逐渐完善，快手还有直播伴侣来支持直播的发展，鼓励主播在直播中与用户积极互动。由此可见，“短视频+直播”是短视频深度运营的重要趋势，也是短视频与直播行业未来发展的必然趋势。

6.5.2　短视频+电商

“短视频+电商”的模式简单来说就是利用短视频推广产品，即短视频带货，这也是目前短视频变现最为成功的模式之一。2020 年 3 月，京东零售生态业务中盘与京东大数据研究院联合发布的《2019 京东商品短视频报告》显示，越来越多的用户习惯通过短视频、AR、3D 等方式对产品进行了解、认识、使用和反馈。数据显示，在大促期间，主图视频单日总播放量峰值突破 20 亿次，POP 的播放量增速更明显，同比去年增长 65.94%，如图 6-32 所示。

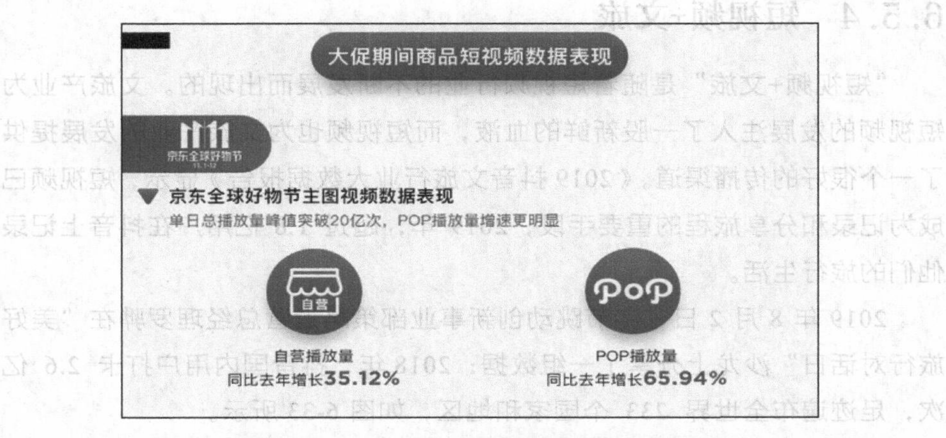

图 6-32 《2019 京东商品短视频报告》截图

这意味着越来越多的网购用户乐于通过短视频来了解产品信息，购买相关产品，这对短视频运营者是一个很好的机会。通过与相关产品方合作，制作与产品相关的短视频内容，包括故事主导的原生广告和产品主导的短视频推广，利用短视频来推广产品，以实现短视频账号的流量变现。

6.5.3　短视频+社交

从口语、文字、广播再到视频，传播的方式在不断发展，人们交流的方式也在不断变化。短视频作为一种新形态的网络文化，在社交中的地位越来越重要。苏州大学融媒体发展研究院院长陈一（2019）认为，作为一种文化形态，短视频相对于文字、图片来说，具有更强的感染力。艾媒咨询 2018 年调查数据显示，近四成社交类短视频平台用户愿意采用短视频代替文字交流。

课堂讨论

请读者回顾自己以往的社交互动，思考自己更喜欢哪种类型的社交（如口语、文字、音频、视频、短视频等）方式。

运营者可以利用用户的社交心理，制作能够引起共鸣的爆款短视频内容，从而引导用户积极主动的转发，在朋友圈引起刷屏。

6.5.4　短视频+文旅

“短视频+文旅”是随着短视频行业的不断发展而出现的。文旅产业为短视频的发展注入了一股新鲜的血液，而短视频也为文旅产业的发展提供了一个很好的传播渠道。《2019 抖音文旅行业大数据报告》显示，短视频已成为记录和分享旅程的重要手段，2019 年，超过 1.8 亿用户在抖音上记录他们的旅行生活。

2019 年 8 月 2 日，字节跳动创新事业部策略运营总经理罗骅在“美好旅行对话日”沙龙上分享了一组数据：2018 年，抖音国内用户打卡 2.6 亿次，足迹遍布全世界 233 个国家和地区，如图 6-33 所示。

此外，今日头条江苏分公司总经理张雁飞也在首届江苏智慧文旅高峰论坛上提到，每天与旅游相关的视频播放量高达 25.3 亿，约有 3.2 亿人在活跃地使用文旅短视频内容，如图 6-34 所示。在文旅内容呈现爆发式增长的同时，短视频逐步成为推动网红城市诞生的重要手段。

由此可见，“短视频+文旅”有着非常广阔的市场。很多人由于旅游的时间和金钱有限，无法依靠自己的力量走遍大江南北。文旅类型的短视频为用户提供了欣赏世界各地的一个窗口，也为用户旅游的目的地提供了一个参考，帮助用户在有限的假期和预算里选择一个性价比最高的旅游地点。

图 6-33　“美好旅行对话日”首期沙龙现场

图 6-34　张雁飞在首届江苏智慧文旅高峰论坛上发言

6.5.5　短视频+餐饮

短视频作为一种新兴的传播媒介，为餐饮行业的发展提供了一种全新的思路。短视频这种传播媒介适应了互联网时代用户碎片化的信息获取方式，通过短视频的方式来宣传餐饮行业能够强化宣传效果，从而达到吸引用户的目的。图 6-35 所示是麦当劳新品椰饮营销海报。

此外，海底捞、CoCo 奶茶、快乐柠檬等餐饮店与短视频平台的合作营销也都取得了良好的结果。通过研究“短视频+餐饮”的营销模式可以发现，很多短视频内容都是由用户自发录制并转载的。这种“自来水”式的推荐模式由于其真实的特点，更有可能获得其他潜在用户的认可和信任，从而促使更多的用户主动到餐饮店就餐。

图 6-35　麦当劳新品椰饮营销海报

6.5.6　短视频+教育

随着短视频的不断发展，短视频娱乐化越来越严重，千篇一律的模仿使用户产生审美疲劳，短视频市场也开始饱和，但是“短视频+教育”还是“蓝海”领域。短视频与教育的结合不仅能够提高短视频质量，也能为更多的人提供优质的教育类短视频内容。

图 6-36 所示为“地球村讲解员”一个介绍地球科普知识的抖音账号主页。截至 2020 年 9 月，该账号已经有 232 个作品，1207.6 万粉丝，6651.3 万点赞，“海底藏着什么？”“现行的世界地图有太多假象”……这些五花八门的地理知识，经加工后，浓缩进不到一分钟的短视频里，让用户可以在短时间内了解与地球相关的知识。

此外，还有历史、物理、医学等不同类型的短视频教育账号，如“咩咩爱历史”“宇宙大爆炸”“丁香医生”等，为用户制作不同领域的垂直短视频内容，在短短几十秒或几分钟的时间内为用户科普相关知识。这种碎片化的知识正好符合现代人们的生活习惯，帮助用户利用碎片化时间来提升自己。

图 6-36 “地球村讲解员”抖音主页及内容

6.5.7 案例分析

快手平台的短视频深度运营已经取得了一定的成果。例如，2019 年快手平台为麦当劳新品椰饮量身打造的营销方案，在一周之内就迅速吸引了 300 万用户的参与，生成了 50 万条 UGC 短视频，并创造了 3700 万次的播放量。这种互动性强、参与度高、分享体验佳的短视频活动帮助麦当劳实现了良好的销售转化，是典型的合作营销案例。

根据快手官方公布的数据，2019 年“双 11”前夕的“1106 卖货节”活动，在两天时间里，共有数百万商家、1 亿多用户参与，其中针对“源头好货”下单数就超过 5000 万。

对于快手来说，不论是 4 亿的月度活跃用户，还是 2000 万条的日均短视频上传数量，最终都要体现为帮助企业或者商家将平台的“老铁”们转化为品牌粉丝或者产品的消费者。针对内容与营销有效结合的需求，快手推出了通过用户标签、内容标签等帮助品牌商品选择精准用户的营销服务工具，基于强大的数据挖掘能力和底层技术应用能力，实现了快手海量的短视频内容与用户的精准匹配。

本章结构图

- 短视频运营
  - 短视频账号的设置
    - 步骤1：注册登录
    - 步骤2：填写基本资料
    - 步骤3：完善头像与展示页
    - 步骤4：账号绑定与认证
    - 案例分析
  - 短视频上传发布的注意事项
    - 短视频的标题与简介
    - 短视频作品封面的选择
    - 短视频标签的设置
    - 短视频发布时间的确定
    - 短视频内容的审核程序
    - 发布后的短视频内容分享
    - 案例分析
  - 短视频粉丝的经营
    - 短视频账号的引流方法
    - 短视频账号的“涨粉”技巧
    - 短视频达人与粉丝的互动策略
    - 短视频社群经济的价值开发
    - 线上线下相结合的运营趋势
    - 案例分析
  - 短视频矩阵的布局
    - 短视频矩阵的价值
    - 一次拍摄、多次开发、*N*次输出
    - 建立矩阵账号的要求
    - 矩阵的协同效应
    - 短视频矩阵的运营策略
    - 案例分析
  - 短视频的深度运营
    - 短视频+直播
    - 短视频+电商
    - 短视频+社交
    - 短视频+文旅
    - 短视频+餐饮
    - 短视频+教育
    - 案例分析

习题

1. 短视频的标题、封面、标签以及发布时间如何确定？

2. 短视频内容的审核程序是怎样的？

3. 短视频的引流方法和“涨粉”技巧有哪些？短视频达人与粉丝的互动策略是什么？

4. 短视频矩阵的价值是什么？短视频矩阵如何运营？

5. 一次拍摄、多次开发、N次输出指的是什么？

6. 短视频的深度运营方法有哪些？

实训

为了更深刻地理解短视频的运营，下面通过具体的实训来进行练习。

【实训目标】

运营已经创建好并且发布了内容的短视频账号，将自己的短视频账号当作一个产品来运营。

【实训内容】

（1）观察已经运营了一段时间的短视频账号，决定是否进一步优化账号的名字、简介、头像等基本信息。

（2）与粉丝进行互动，学习“涨粉”技巧。

（3）在不同的平台、不同的渠道为自己的短视频账号引流。

【实训要求】

（1）学习其他短视频账号的运营技巧，如“涨粉”策略等。

（2）切忌墨守成规，对于初学者来说，短视频的运营是一个不断学习、不断优化的过程。

第 7 章 综合案例

【学习目标】

在前面的章节中已经全面介绍了短视频的内涵及其创作流程，包括短视频的产品策划、内容创意、文案写作、拍摄制作以及短视频运营。本章将针对一些综合案例展开分析：以微信视频号为例，分析短视频平台运营；以李子柒为例，分析短视频 IP 运营；以《啥是佩奇》为例，分析短视频策划与拍摄制作。

7.1 短视频平台运营案例：微信视频号

2020 年，在各大平台竞争趋于白热化的时候，微信视频号横空出世，给本来已经足够热闹的市场带来了更大的刺激和更多的遐想。微信发力视频号，是继移动支付和小程序之后的又一场巨大变革。

短视频平台运营案例：微信视频号

课堂讨论

在阅读本节之前，请读者先在微信视频号上发布一条短视频，观察微信视频号与抖音、快手等短视频平台有什么区别。

7.1.1 微信发力视频号

首先，这是一场内容生态升维和跨维的革命。升维是指用户终于可以在 5G 时代的起点上，更便捷地在微信平台上获取图文之外的短视频内容了。腾讯公司高级副总裁、微信创始人张小龙在 2020 年微信公开课的开年演讲中提到微信在短内容方面的缺失，暗示了将在短内容方面发力，此后很快微信视频号就开始了它的灰度内测，如图 7-1 所示。跨维是指微信的视频号和公众号、小程序乃至其生态系统中的更多功能是可以打通的，可以相互切换。

图 7-1　张小龙提到微信在短内容方面的缺失

其次，这是一场内容产品的付费和提质革命。付费是指内容创作者终于可以向消费者收取一定的订阅费用了，这是一个千呼万唤始出来的功能；提质是指用户只会为自己喜欢的优质内容买单，这将带来内容生产端的新一轮洗牌。

最后，这是一场内容用户的赋能和再造革命。赋能是指那些不擅长写文字的用户，将有机会在微信的这个新生态中崛起，成为超级个体；再造是指在社交属性非常强的微信生态圈中，每一条视频的创作者都必须变得更加真实、更加立体、更加有价值，才能获得用户的认可和支持。

7.1.2　视频号的核心逻辑、基本定位与主要价值

微信视频号的核心逻辑与微信一致，那就是信息产品的社交分发，或称“社交推荐”；其基本定位是一个全新的微信生态乃至移动互联网世界的流量入口；主要价值是微信生态价值闭环的一次完善。对于内容创作者而言，微信视频号是内容形态和变现方式的丰富；对于营销来说，它是一种体验更好的内容营销手段；对于普通用户而言，它是娱乐、生活、学习、工作、社交等功能的进一步融合。下面逐条展开来分析。

1. 视频号的核心逻辑

微信朋友圈是社交分发，只有微信通信录中的好友才能看到朋友圈状

态，非好友只能有限制地查看 10 条朋友圈，要想看更多内容必须加好友。公众号是社交分发，但它比朋友圈更向外拓展了一步，除了订阅用户可以接收公众号的群发信息，任何非订阅用户也都可以阅读公众号内容并转发到自己的朋友圈，让更多人看到。

朋友圈广告是“个性化推荐+社交分发”。从朋友圈广告来看，微信并不是不擅长做个性化推荐算法，只是它做了个性化算法之后，依然还要用自己最擅长的社交分发逻辑为这些商业化产品加持。如果你的好友中有很多人都点赞或留言了一条信息流广告，那么在很大程度上它也会被投放到你的朋友圈信息流中。更重要的是，你还可以看见朋友们的点赞和评论，并且可以基于这条广告展开一场微互动，你的点赞和评论过的朋友们也能看得见和回复，如图 7-2 所示。

图 7-2　卡地亚的朋友圈广告

视频号是“社交分发+个性化推荐”。我们看到微信一直在以各种各样的方式完善它的社交分发功能，而视频号是微信产品几种功能的集合：短视频形态（信息流广告）+看一看（点赞后好友可以看到这条信息）+公众号（视频下方可插入公众号文章链接）+朋友圈（视频号内容可转发朋友圈）。从视频号现有的所有功能介绍来看，转发朋友圈、点赞后好友可见、链接公众号等，都是围绕微信最基本的社交属性展开的，其最有吸引力的一点

"好友的好友也能看见你的视频"事实上一点都不新鲜，因为公众号内容的裂变式传播正是如此。所以，视频号的核心逻辑并没有跳出微信的社交属性，但它真正让人充满想象空间的地方在于微信的商业化短视频产品终于成型了。

2. 视频号的基本定位

视频号并不是独立的一个功能或微信新推出的一款短视频平台，它的基本定位依然是基于微信生态的，它是连接微信生态中各个功能的一个重要枢纽，它甚至有可能就是5G时代的微信内容生态的新入口。大胆地猜想，它甚至有可能取代朋友圈。

首先，视频号是一个视频版的朋友圈，好友在视频号发布的"图片+文字"信息和"视频+文字信息"都可能被推荐给你。

其次，它是一个视频版的通信录，我们的好友数量是有上限的，你可以到还有点弱连接的好友的视频号里关注他，去他的视频号下面互动。

再次，它还是一个公众号。视频号的好处在于，用户可以先通过一分钟的短视频来了解某人某事，如果真的感兴趣，想要深入了解，那么就可以选择点击下方的链接；如果没有深度阅读的需求，就可以继续观看下一条视频。

最后，它还是一个信息流广告，而且这种广告的用户体验更佳。从理论和技术上讲，视频号内容下方可以链接公众号、订阅号、小程序、第三方应用等，在地址选项中还可以链接地址，如此用户看完短视频产生了消费冲动，就可以实现直接转化了。

这样总结下来，我们就会发现，视频号的基本定位就是3个词：打通、导流、闭环。打通，就是要打通微信生态中的所有功能，甚至还包括腾讯生态中的大量功能，如腾讯视频、腾讯新闻、腾讯公益等。导流，就是在打通之后向这些功能进行导流，如向你推荐你的朋友的朋友的朋友，这对你的社交关系网络来说就是一种导流。链接公众号，就是向公众号作者导流；链接京东商品，就是向京东导流。坦白来讲，短视频平台要想把价值全都沉淀在自己内部，是有很大困难的，但对于微信来说，沉淀在自己生态内部是完全可行的，这就形成了闭环。注意力、流量乃至购买力，随便怎么流动，只要在自己的"五指山"之内流动，最后找到一个落脚点，停下来"打尖""住宿""买东西"，就形成闭环了。

3. 视频号的主要价值

当上面的问题讲清楚之后，再来分析微信视频号的主要价值。

（1）对微信来说，它是微信生态价值闭环的一次完善。

（2）对于内容创作者而言，它是内容形态和变现方式的丰富。视频号正式开放之后，一定会有越来越多的流量流向它。微信内容生态的结构构成，将会变得更加多元化，既有图文，又有短视频，还有长视频。公众号、视频号、小程序以及其他功能的打通，意味着还有更多行之有效的变现策略将会被发掘。

（3）对于营销来说，它是一种体验更好的内容营销手段。当企业在视频号中被以普通用户对待时，它所发布的内容就是内容，而不再需要像朋友圈信息流广告那样在右上角打上“广告”的标签了，如图 7-3 所示。从这一点来看，一方面这是对互联网广告监管政策的创新，另一方面则进一步把信息判断和选择的权利交到了用户手上，视频号要做的是帮助用户认证。事实上，这种方式给新冠肺炎疫情之下乃至之后的大量中小企业提供了更多低成本曝光和转化的机会，那些有创意的创业公司，将会在视频号的平台上吸引它的目标消费者。当然，大企业和大品牌也一样会有无数的机会和可能。

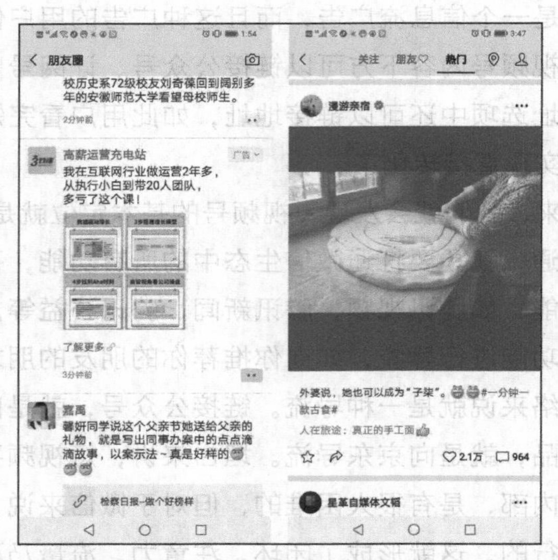

图 7-3　朋友圈广告（左）与企业视频号内容（右）的呈现方式对比

（4）对于普通用户而言，它是娱乐、生活、学习、工作、社交等功能的进一步融合。就像上文提到的，大胆设想一下，如果视频号取代朋友圈成为微信的超级流量入口，在视频号中尽管依然会有大量的娱乐内容，但其比例可能会降低，因为毕竟以微信的强社交属性来看，它要做的一定不是一个像其他短视频平台那样的娱乐阵地。所以，视频号会成为用户的娱乐入口、学习入口、消费入口，在这里用户可以阅读深度文章、观看长视频、购买需要的商品、交电费水费、在线旅游等。这样，用户不仅是在这里消磨时间，更重要的是在这里成长为更优秀的自己。当然，用户还会在这里大胆地利用视频方式展示自己的生活、工作和学习，使之成为自己的一张视频名片，结交有相同兴趣、性格、理想的朋友，进一步地扩大自己的社交范围。

7.1.3 视频号的推荐机制

对于内容的推荐机制，闫泽华（2018）老师曾经在其《内容算法 把内容变成价值的效率系统》一书中做出过这样的个人结论：编辑（中心人工主导）分发、算法（机器主导）分发、社交（离散人工主导）分发各有千秋。内容分发服务追求的是分发所能触及的这一远景，为了达成这一远景，就需要探寻每一种分发更适合的应用场景，而不是要在“剑宗”和“气宗”之间争个高下。

1. 视频号的推荐机制简介

视频号的推荐机制不是单一的，而是结合了编辑推荐机制和算法推荐机制的一种综合型的推荐机制。

（1）视频号的编辑推荐机制。我们如果经常浏览视频号就会发现，网红或名人的视频号内容，或者人民网这样的主流媒体的视频号内容，被系统推荐的概率要远远大于普通人，这在很大程度上可能是通过人工干预赋予了它们更高的权重。此外，视频号的个人认证和机构认证，都有着某种编辑推荐的意味。

（2）视频号的算法推荐机制。从内测阶段来看，除了社交因素和编辑因素之外，个性化推荐算法在一则内容能否成为爆款方面也有着较大的影响力，很多视频号创作者都发现内容相似、类型相同的两则内容，其数据表现却可能有天壤之别。这也说明，视频号可能正在对它的社交推荐和个性化算法进行各种各样的测试。

正如知名大V“秋叶大叔”所说的那样：“……在用户没全部都进来之前，视频号的算法会一直改。现在谁也不敢说：我知道视频号算法是什么。我猜测甚至连微信团队自己都不知道算法是什么。视频号还在进化，它本身进行算法迭代也要参考微信公众号、头条以及抖音快手等的算法，从而找到一个更有效的、更适合视频号生态的算法机制。”

2. 社交主导的推荐带来的机会

无论视频号怎样测试和调整它的内容得分公式，有一点已经是确定的，那就是社交主导下的推荐机制。所以，视频号内容的创作者，想要提高自身内容的推荐量，就一定要综合考虑视频号本身的社交主导的推荐机制。总的来看，相比头条、抖音、快手等算法主导的推荐机制，视频号之所以让无数的内容创作者兴奋不已，非常重要的一个原因就是其社交主导的推荐机制，将会带来新一波的机遇和红利，这些红利主要包括以下几个方面。

（1）从封闭到开放。朋友圈是一个封闭性非常强、隐私程度非常高的体系，谁可以看到朋友圈的发布内容（包括转发的公众号文章），都是由用户决定的。但决定谁能看到视频号发布的内容的权利则不在用户手上，它是由微信的社交关系链决定的，你的朋友、你朋友的朋友、你朋友的朋友的朋友……甚至远在天边的陌生人，都可以看到。这种发现陌生人的形式，在以前的微信体系内较为少见，哪怕是公众号这种高度依赖社交裂变的产品，是否转发的权利都是握在用户自己手中的。

（2）从私域到公域。大家之所以兴奋的另外一个原因就是，伴随着从封闭到开放的步伐，越来越多的内容终于有机会“出圈”了。毕竟，之前无论是微信号、微信群，还是公众号、小程序，基本上都是私域或者半私域流量。也就是说，整个微信生态圈尽管有11亿用户，但是我们自己最多只有5000好友。同时拥有几个微信号的人，其好友数量也不会无限制地增长下去，微信号再多的人，我猜测应该好友数也不会超过10万，这就是我们自己的私域流量，也可以称为“自留地”。也就是说，微信的基本面虽然很大，但普通用户接触不到。视频号的推出，则使得我们有机会从私域流量走向更广阔的公域流量，使得每个个体都有机会在现有的微信社交关系加持之下，走向更广阔的11亿用户流量池。

（3）从少数人到多数人。这一点是张小龙在 2020 年的微信公开课中强调过的：“……相对公众号而言，我们缺少了一个人人可以创作的载体。因为不能要求每个人都能天天写文章……表达是每个人天然的需求。微信不小心把公众平台做成了以文章作为内容的载体，这使得微信在其他短内容方面有所缺失，我们很重视人人都可创造的内容。”很显然，从目前的视频号的基本功能来看，它是可以支撑张小龙这个“人人都可创造”的梦想的。比起算法主导的其他短视频平台，“社交主导、算法赋能、编辑干预”的视频号内容推荐机制可能会实现内容的更有效分发，对普通用户创造的长尾内容也会更友好，从而能够激发更多人的创作欲望。

7.2 短视频 IP 运营案例：李子柒

短视频的兴起激发了社会上许多草根用户的创作热情，越来越多的草根百姓借助高点击量的短视频获得了海量流量及广泛的关注，完成了从普通草根到流量网红的华丽转型。

短视频 IP 运营案例：李子柒

课堂讨论

请读者在阅读本节之前先观看 3～5 条李子柒发布的短视频，了解李子柒与其他短视频博主有什么区别。

7.2.1 李子柒短视频 IP 概述

在如今快节奏的社会大环境中，能够带给人们闲适安宁感受的乡村类短视频异军突起。在众多的乡村类短视频中，李子柒创作的系列美食短视频成为乡村类短视频的杰出代表。

李子柒用她自然的叙事方式让观众能够从视频中体味宁静、闲适、朴素的田园生活，让精神压力在无形之中得到缓解。如图 7-4 所示，无论是从内容选材、拍摄技巧、视频节奏，还是画面色彩的呈现上，李子柒的短视频都让我们感受到了那抚慰人心的人间烟火气以及诗情画意的文化风韵。

图 7-4　李子柒短视频画面

李子柒所创作的系列短视频在境内外引起了强烈反响和高度热议，成为我国走红境外的短视频创作者中的杰出代表，深受境内外观众的喜爱。接下来我们将从内容选材、受众互动、拍摄技巧、视频节奏、色彩呈现这5个角度来全面地剖析李子柒的古色古香系列短视频，探究分析其创作策略及与同类短视频相比的创新之处。

7.2.2　李子柒短视频创作策略探析

透过李子柒的短视频，我们能感受到平凡生活中的诗意，能体会到原汁原味的自然之美，能领略博大精深的传统文化。李子柒通过她的短视频向观众分享了一种自给自足、乐在其中的生活态度。

1. 深耕内容，弘扬中华传统文化

李子柒真正做到了把田园生活过成诗一般的生活。仔细观察可以发现，李子柒每一期短视频中的服饰都展现着浓厚的中国风，每一个符号都是一种文化象征。在李子柒的短视频中，古朴淡雅、具有浓郁中国风气息的服装就是鲜明的文化符号，象征着我国传统服饰的古朴之美。朴素典雅的衣着服饰不仅给人带来舒适悦目的感官体验，更能彰显古朴的文化底蕴。由传统手工技艺精心打磨的服饰是一辈又一辈传统手艺人工匠精神的传承和体现。2020 年 3 月 22 日，李子柒推出有关千年老手艺——蓝印花布的制作视频，如图 7-5 所示。从一颗普通的蓼蓝种子到两次收割、打靛、起缸、染布、做衣，经过重重工序，借助蜡染工艺精心制作的蓝印花布蕴含了我国源远流长的传统文化以及好几辈手艺人古老技艺的传承。

图 7-5 李子柒蓝印花布短视频

2. 注重反馈，加强受众交流互动

李子柒可以巧妙地利用各个传统节日，借助节日的喜庆气氛，推出她自己亲手制作的与该节日有关的美食，同时还会跟随节气、季节的变化来制作与季节特点契合的美食，如冬天做火锅等。李子柒的短视频受众范围广，覆盖海内外各个年龄层。为了满足特定群体的需求，李子柒将受众群体进行细分，实现分众传播。李子柒会精准地抓住每一个细分受众群体的特点，并根据这个受众群体所熟知的话语体系和符号体系进行有针对性的互动和交流。不仅如此，李子柒还会巧妙借助多种媒介平台，打造媒体矩阵，实现多方联动，运用微信公众号、微博、爱奇艺、淘宝网店等多种媒介形式，全方位地宣传推广自己的系列短视频以及周边产品，实现流量的转化和增收。

3. 精雕技巧，展现唯美时空意境

为了原汁原味地呈现“有机”过程，李子柒选择将种子破土发芽、开花、结果等时刻进行拼接与重组。延时摄影这种拍摄手法可以做到自然灵活地展现花开花落、幼苗破土而出、夕阳西下等自然场景。延时摄影辅以轻松明快的配乐，诗情画意地展现了自然界作物生长的全过程，记录从种子再到种子的轮回。有很多网友评论，从李子柒的视频中看不到一丝一毫的痛苦，也看不出农村生活本该有的辛苦与艰难。之所以会给广大网友带来这样的感受，是因为李子柒的短视频裁剪省略了所有的痛苦和劳作的艰辛，选择性地将自给自足所带来的快乐透过镜头分享给观众。李子柒那远离城市喧嚣、充满美好与温情故事的农家小院始终是她系列短视频里镜头的焦点，如图 7-6 所示。

图 7-6　李子柒的农家小院

4．把握节奏，呈现“快中有慢”之美

李子柒的短视频给人一种“快中有慢”的美感。在快节奏、高压力的生活氛围下，越来越多的都市白领在辛苦奔波一天后渴望获得心灵上的慰藉和精神上的解脱。为了缓解受众的心理压力，李子柒在其短视频中用较慢的节奏，来展现她和外婆在如此诗意的栖居环境下温馨生活的场景。不仅如此，中国传统的手工艺术要想得以永久地传承，需要精益求精的态度和细致入微的手法，而李子柒正是把这种“大国工匠”精神展现在她的系列短视频作品之中：蜡染时谨慎耐心地涂抹染浆，刺绣时细致入微地穿针引线，处理布料时小心翼翼地缝合……每一道工序的精准还原都是对我国五千年文化所孕育的传统手工艺技术的一种传承。其细致入微、精益求精的态度中尽显“大国工匠”精神。

5．注重色彩，彰显舒适唯美画面

在服装方面，李子柒十分重视衣着服饰的选择，如图 7-7 所示。她的系列短视频主基调是以古风为主，彰显文化底蕴，因而在服饰上会尽量选择朴素淡雅的白色系或者浅蓝色系古装，抑或是红色的披风，给人一种农家女孩儿的朴素之美，呈现淡雅古风的韵味。在食材方面，李子柒在短视频中每制作一道美食都会运用丰富的食材，而在食材搭配上不仅注重营养，还注重视觉上的色彩呈现。在环境方面，李子柒擅于挖掘自然界中那些触动人心、给人带来温暖舒适视觉体验的景物，凭借它们最朴实、最自然的颜色来打动每位观众的心。嫩绿的幼苗，粉红色的玫瑰花瓣，黄色的豆荚，绿色的豌豆，这些都是大自然中最普通的颜色，它们交织在一起，呈现在一个短视频里面时，就足以让受众身临其境般走进李子柒和外婆的院落，同她们一起感受这诗意之美。

图 7-7 李子柒短视频的色彩风格

7.2.3 李子柒短视频在创新方法上的启示

李子柒短视频可以带给我们以下启示。

1. 内容是王道，提高受众忠诚度

移动媒体时代是内容为王的时代，优质的可持续的内容产出能够获得广泛的关注度和受众满意度。李子柒的短视频给短视频创作者们最大的启示就是要抓住观众的情感诉求，许多网友都被她短视频中所展现的祖孙之间浓浓的亲情所打动，如图 7-8 所示。乡村类短视频创作者们往往会因为单纯地展现田园生活及美食的制作而忽略了与观众在情感上的共鸣，李子柒恰恰在情感共鸣上发挥得淋漓尽致。不仅如此，李子柒的短视频在内容选材上还有一大亮点，就是她很自然地展现了中华美食的烹饪技艺以及传统的手工技艺，在润物细无声之间向海内外观众展现了中华文化的博大精深。这也启发更多的短视频创作者们在制作当地特色美食的同时，可以把每种食材、每种农作物的自然生长过程完整地展现出来，将每一道制作工序毫无保留地呈现出来，这既是对观众的尊重，也是对大自然最大的尊重。

图 7-8　李子柒与她的外婆

2. 反馈是关键，加强受众互动

反馈是信息传播过程中最为关键的一个环节，受众的有效反馈可以帮助短视频创作者更好地提高短视频的内容质量，达成良性的反馈机制。李子柒与受众的互动反馈最为有效的、最值得同类短视频创作者借鉴的一点是：应该拓宽渠道、挖掘多样化的方式与受众进行多维度、多方位的互动，可以借助全媒体矩阵。我们可利用微信公众号、微博、抖音、爱奇艺、You Tube、淘宝网店等多种途径打造全媒体矩阵，实现多方联动，形成全方位、多角度的良性互动反馈机制。

3. 技巧是手段，增添时空体验感

精湛的视频拍摄技巧及剪辑技术可以起到给短视频锦上添花的作用，延时摄影加上镜头切换等剪辑特效可实现镜头调度、场景画面的转换，增添时空体验感。李子柒通过延时摄影的拍摄技法配上镜头切换等剪辑特效，实现空间的调度和场景的重新组合，以此来增强时空体验感。乡村类短视频创作者们在拍摄视频时可采用延时摄影模式以及推、拉、摇、移等拍摄技法，同时在后期剪辑制作时利用一些转场特效将场景进行重新组合，从而将宁静闲适的田园生活生动自然地呈现在观众面前。时空场景的转换可以给观众带来舒适感和新鲜感，时空的折叠浓缩则可以将长时空内发生的事情、场景浓缩，取其精华，诗情画意地展现出来。运用此种视频制作方式，既可以生动地描绘自然界万物生长的现象，又可以抓住观众的注意力，一举两得。

4．节奏是核心，渲染韵律动感美

节奏起伏是短视频的核心，快中有慢的节奏给人一种张弛有度的感觉。李子柒的系列短视频做到了节奏跌宕起伏，快中有慢，既有繁忙的农村劳作场景，也有祖孙间寒暄交谈的温暖画面。乡村类短视频创作者需要在拍摄视频之前就对视频的节奏有大致的预估和规划，在撰写分镜头脚本时将视频中需要放慢节奏和加快节奏的地方提前标注出来，在拍摄过程中可根据拍摄时的突发情况再进一步进行调整。张弛有度、快慢结合的视频会展现韵律和动感之美，让观众在快慢交织中体会乡村生活最本真的样子。

5．色彩是亮点，彰显视觉冲击力

鲜艳的色彩搭配是短视频引人注目的亮点，具有较强的视觉冲击力的画面会瞬间吸引观众。李子柒在做每一道菜时，选择用多种颜色的食材来提高菜品的色泽，以产生视觉冲击力，如图 7-9 所示。乡村类短视频创作者中也有一些和李子柒一样，会选择在短视频中展现当地传统特色美食，但与李子柒相比，他们在注重菜品制作的同时，也注重各个食材在颜色上的搭配。因而，同类短视频创作者可以借助色彩的搭配在视觉上形成强烈冲击力，从而给人眼前一亮的感觉。色彩的搭配不仅是食材上的，还包括衣着服饰、周遭环境以及自然景色的颜色选取。短视频创作者在拍摄过程中可以考虑使用冷暖互补色的方式来进行画面的选取和拍摄。

图 7-9　李子柒短视频画面色彩搭配

7.3 短视频策划与创作案例：《啥是佩奇》

在 2019 年年初，有一头小猪几乎在一夜之间抢占了数以亿计手机用户的眼球，它就是佩奇。

课堂讨论

请读者在阅读本节之前先观看短视频《啥是佩奇》，并注意自己在观看短视频过程中的情绪有何变化。

7.3.1 《啥是佩奇》

《啥是佩奇》是张大鹏执导的贺岁片《小猪佩奇过大年》的先导片，如图 7-10 所示。短片围绕爷爷李玉宝为回家过年的孙子准备礼物展开。孙子想要一个“佩奇”，可啥是“佩奇”？年老的爷爷不明白，他查字典、喊广播，得到了各种令人啼笑皆非的答案，最终成功利用鼓风机自制了一个“佩奇”。

图 7-10 《啥是佩奇》片头截图

此外，《啥是佩奇》的背后还有一部传播范围甚广的动画片《小猪佩奇》（原名《Peppa Pig》），如图 7-11 所示。《小猪佩奇》是由英国人马克·贝克（Mark Baker）、内维尔·阿斯特利（Neville Astley）和菲尔·戴维斯（Phil Davies）创作、导演和制作的一部英国学前电视动画片，这部动画片于 2015 年进入国内市场后，年播放量超过 100 亿次，第 5 季上线后更是在短时间内迅速突破 100 亿播放量，这说明它的用户基数大、爆发周期短。在微博上，#小猪佩奇#的话题阅读量、讨论量，远远高于《熊出没》《喜羊羊与灰太狼》等儿童动漫产品，说明这个 IP 热度高、影响范围广，有着较强的生命力和较乐观的开发前景。

图 7-11 《小猪佩奇》海报

依托如此强大的 IP,《啥是佩奇》一开始就拥有了庞大的受众群体，同时借助农历猪年的时机、艺术化的创作以及优质的内容,《啥是佩奇》顺利地成了 2019 年年初第一款现象级的短视频，引起了众多网友的关注与讨论。

7.3.2 《啥是佩奇》的创作手法

温情的故事、电影技巧的运用以及独特的乡土化表达共同构成了《啥是佩奇》这部优质且感人的短片。

1. 鲜明的人物形象

在短视频创作中，故事的创作十分重要，第 3 章针对短视频内容创意进行了详细的介绍，其中多次提到了刻画人物形象的重要性。《啥是佩奇》火爆的原因之一，是其故事情节具有强大的感染力，而这种感染力源于李玉宝爷爷这个鲜明的人物形象。《啥是佩奇》围绕着李玉宝爷爷与孙子之间血浓于水的亲情展开，深爱着孙子的爷爷，为了满足孙子想要礼物的愿望而努力跟上年轻人的步伐，这种亲情的表达和人物形象的刻画令人动容。

2. 独具特色的地点选择

“地点”这个要素分别出现在了前面介绍短视频内容创意以及短视频拍摄制作的章节中，为了烘托短视频的故事情节，强化故事主题，我们在故事创作以及短视频拍摄过程中都需要注意地点的选择。《啥是佩奇》这部短片刻画了一个地地道道的中国故事，充满了乡土气息，这个故事主要发生在农村，因此短片的场景绝大多数都是在农村。老人和邻居所到的地方、所问的对象、所提及的事物、所给的回答都出自农村，具有浓厚的乡土气息；短片中老人的语言以及老人四处询问“啥是佩奇”时村民们的语言，都是乡土化的语言。短片中的李玉宝爷爷打听“啥是佩奇”时所用的方法，如喇叭广播、字典查阅、老式手机询问等方式充满了乡土气息，如图 7-12 所示。在经过多方打听之后，老人亲手利用鼓风机制作出的小猪佩奇也同样具有浓厚的乡土气息。正是由于将“乡村”作为故事发生以及拍摄的地点，《啥是佩奇》这部短片的感染力才显得更加强烈，整部短片的特色十分鲜明，给观众留下了非常深刻的印象。

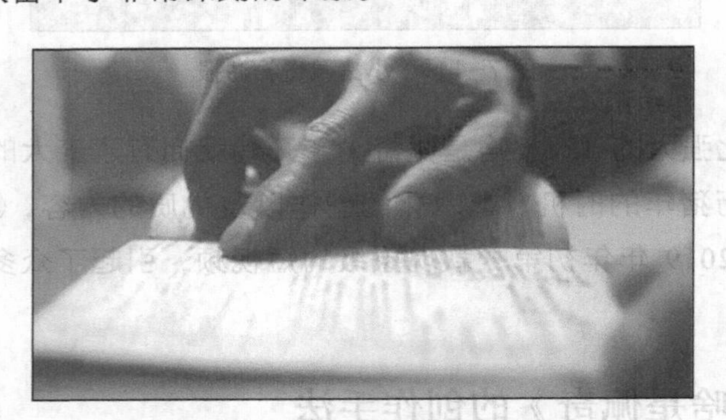

图 7-12 《啥是佩奇》片段截图

3. 电影技巧的运用

短视频经常被打上“草根”“低门槛”等标签，但是《啥是佩奇》作为贺岁片《小猪佩奇过大年》的先导片，有着一脉相承的艺术水准与制作技巧，正因为如此，这部精致的短片才获得了十分好的效果。电影创作者通常善于通过慢镜头、推拉镜头、特写镜头等电影技巧对这些习以为常的日常生活进行陌生化处理，以集中突出、荒诞幽默、对比夸张等影视技巧来创造陌生化奇观的视觉影像，这是艺术可视化传播手段在内容文本上的制作优势。在《啥是佩奇》这部短片中，李玉宝爷爷寻找“啥是佩奇”这一问题的答案全过程就是一种集中突出的可视化手法，他找到的答案“他爸是猪，他娘是猪，一窝猪”就是荒诞幽默的可视化手法，而最终他利用鼓风机制做的小猪佩奇手工玩具就展现了对比夸张的艺术可视化手法等。幽默荒诞的剧情、艺术可视化手法的应用、电影艺术与短视频的碰撞，共同为观众呈现了《啥是佩奇》这部优秀的作品。由此可见，短视频创作者需要不断磨炼创作技能，积极学习电影艺术与技巧。

7.3.3 《啥是佩奇》的策划分析

短视频《啥是佩奇》的策划和创作围绕“小猪佩奇”这个大 IP 以及春节这个特殊的时间点展开，很好地将感情的故事与现实背景相结合，引起了观众的共鸣，最终产生了很好的传播效果。

1. 题材的选择

借助“小猪佩奇”IP 的强大影响力，短视频《啥是佩奇》获得了非常好的效果。早在《啥是佩奇》的营销风暴之前，“小猪佩奇”除了在儿童群体中广受欢迎之外，也已经在成年人的世界里火爆过一段时间了。原本《小猪佩奇》因其简单明了的配色、天真无邪的剧情、没有反派的人设、寓教于乐的故事和简短密集的笑点，深受广大儿童的欢迎。但后来不少家长和网络用户带着成年人的视角和娱乐化的心态去看待它时，又有了新鲜而饶有趣味的解读，于是经过“成人化”再造与二次创作，各种与小猪佩奇有关的表情包、搞笑段子、短视频内容迅速地俘获了家长、中学生、办公室白领等不同群体。在快手和抖音等短视频平台上，动感而有节奏的音乐，贴满手臂的小猪“文身”，情节简单而冲突、画面“辣眼”而有趣，并且引发了大量用户的争相模仿，他们纷纷上传自己的图片和短视频，进一步提高了“小猪佩奇”这个 IP 的影响力，从而也提升了《啥是佩奇》的传播效果。

2. 发布时间的选择

《啥是佩奇》的成功与它出现的时机也密切相关。2019 年是农历的猪年，短视频《啥是佩奇》的发布赶在了猪年春节的前夕，无论城市还是农村，无论是成年人还是儿童，无论是奔波在写字楼里的候鸟上班族，还是已经开始准备年货盼望子女回家的父母，在春节前的十来天都在翘首等待着新年钟声的敲响和阖家团圆的一刻。而《啥是佩奇》这部短片将动画世界与现实世界、成人世界与儿童世界、城市世界与乡村世界有机而又有悬念地联系在了一起。短片中，李玉宝爷爷对“啥是佩奇”充满疑惑并开始探索，在寻找答案的路上展现了啼笑皆非的情节，最终找到了“佩奇”并且利用鼓风机做出了小猪佩奇，如图 7-13 所示。在春节背景和浓厚亲情的双重加持下，《啥是佩奇》的出现点燃了情绪的火种，并迅速在每个手机用户的屏幕上传播，最终形成了燎原之势。

图 7-13 《啥是佩奇》中的自制佩奇

本章结构图

- 综合案例
  - 短视频平台运营案例：微信视频号
    - 微信发力视频号
    - 视频号的核心逻辑、基本定位与主要价值
    - 视频号的推荐机制
  - 短视频IP运营案例：李子柒
    - 李子柒短视频IP概述
    - 李子柒短视频创作策略探析
    - 李子柒短视频在创新方法上的启示
  - 短视频策划与创作案例：《啥是佩奇》
    - 《啥是佩奇》
    - 《啥是佩奇》的创作手法
    - 《啥是佩奇》的策划分析

习题

1. 分析微信视频号上线的背景和原因是什么。

2. 视频号的核心逻辑与基本定位是什么？

3. 视频号的推荐机制与优势有哪些？

4. “李子柒”这个短视频IP的定位、特点以及成功之处是什么？

5.《啥是佩奇》是如何策划的？其创作手法有哪些？

实训

为了综合理解短视频的理论与实践知识，下面通过具体的实训来进行练习。

【实训目标】

通过对比分析一个与自己的短视频账号定位相近的短视频IP，为自己短视频账号的优化提供建议。

【实训内容】

选择一个与自己的短视频账号定位相近的短视频IP。

（1）对比其他同类型的短视频，分析该IP的成功之处。

（2）对比自己的短视频账号，分析该IP具有的优势，明确自己的短视频账号存在的不足以及可优化之处。

（3）优化自己的短视频账号。

【实训要求】

（1）选择的短视频IP的粉丝数量必须在100万以上。

（2）选择的短视频IP最好有获奖或者被主流媒体宣传过的短视频。

参考文献

[1] 魏丽锦. 新媒体—— 一个相对的概念[J]. 广告大观（媒介版），2006（05）：25.

[2] 匡文波. "新媒体"概念辨析[J]. 国际新闻界，2008（06）：66-69.

[3] 彭兰. "新媒体"概念界定的三条线索[J]. 新闻与传播研究，2016，23（03）：120-125.

[4] 凯文·凯利. 必然[M]. 周峰，董理，金阳，译. 北京：电子工业出版社，2016.

[5] 杰克·特劳特，史蒂夫·里夫金. 新定位[M]. 马琳，施轶，译. 北京：中国人民大学出版社，2014.

[6] 闫泽华. 内容算法：把内容变成价值的效率系统[M]. 北京：中信出版社，2018.

[7] 钱海鹏. 情感共鸣与情感沉浸：新媒体作品的创新之路——以《啥是佩奇》为例[J]. 传媒，2019（12）：63-64.

[8] 魏国彬，许心宏. 啥是佩奇：信息鸿沟的艺术可视化[J]. 淮北师范大学学报（哲学社会科学版），2020，41（02）：115-119.